非戦の国防論

―憲法9条を活かした安全保障戦略―

合田寅彦
Goda Torahiko

あけび書房

宇都宮徳馬先生の御霊前に捧げる

はしがき

私たち日本国民の意識が70数年ほど前はどんなものであったか、今こそ振り返ってみる必要があるように思います。そこには「笑えない事実」が横たわっているからです。

・生産力にして20分の1ほどでしかない日本でも勝てると思って、アメリカに戦争を挑んだ。
・石油、ゴム、鉄鉱石などの資源が自国に全くないことが分かっていながら、これから侵略する国の資源をあてにして戦争に突入した。
・特攻隊そして人間魚雷など、人間の命を爆弾に代えて戦うことを思いついて実行に移した。
・アメリカが日本向けに原子爆弾を準備している時に、日本は大きな紙を貼った風船爆弾を気流に乗せてアメリカを攻撃することを真面目に考え、実行した。
・補給路が全くないままインド奥地のインパール作戦を強行し、戦わずして将兵数万人の死者を出した。
・自国軍の暗号を過信して、変えないまま作戦行動に使用していた。
・ドイツと同盟関係にある日本が、ドイツと戦っているソ連を最後の仲介者としてあてにしていた。
・国民の誰もが、天皇陛下のためなら死んでもいいと真剣に思っていた。
・国の命令で自分の家が強制的に壊されても（私有財産が侵されても）誰も文句を言わずに、それに従った。
・雨あられと投下される焼夷弾の炎を、バケツの水とはたきで消そうとしていた。
・東京をはじめ各都市が焼け野原になっている現実に直面しても、政治指導部は戦争終結を誰も口にしなかった。

今日、私たち大方の日本人は誰もが、政治や社会にいくらか不満はあるものの、民主主義を基盤とした合理的な社会システムの下で平穏に暮らしていると思っているはずです。

ですから、右に掲げた遠い過去に実際にあった、いくつもの不合理と思われる事例については、政治家であれマスコミ関係者であれ、また高校の社会科の教師や大学教授でさえも、「あれは当時の強権的な政府や軍指導部が国民に強いたものだ」との受け止め方をしているのではないでしょうか。

しかし、本当にそうでしょうか。私見を許してもらえれば、日本人にはもともと農村共同体的な体質が染み付いていて、異質な意見に対しては、それを無視もしくは排除し、大勢の意見と思われるところに己れの身をおいてそこに安住する……。著者の身にも刷り込まれているであろう、そんな行動体質が当時の政治指導部から国民の末端にまであったことこそ、不合理も甚だしい、こうした「笑えない事実」を生んだのではないか、と。

そして、この先70数年後の私たちの子孫もまた、私たちが70数年前を振り返ったのと同じ、否もっと屈辱的な事例を今の政治や社会の中に見てしまう……。悲しくも今の日本人の多くがその現実に気づいていないだけで。

かつての日本は、その独善的な単独行動により、多くの禍根を私たち国民に残しましたが、今日の状況はそれとは全く異なるもの、つまり、アメリカとの二人三脚、否アメリカに追随した国防政策にどっぷり浸かっていることです。

ここにきて、新型コロナウイルスの世界的流行により、〝国防〟の状況は大きく変わります。アメリカのコロナウイルスによる死者の数がこの病気の発見から半年たらずの間に20万人余、なお毎週5000人以上出しており、その異様な速さからこのままワクチン開発が間に合わなければ、かつて15年間に及んだベトナム戦争によるアメリカ兵の戦死者数（54万8383人）にもしや追いつくのではないかとの予測が識者の間で広がっています。つまり、〝世界の警察官〟

アメリカの土台がこのウイルス一つで揺らぎだしたことを意味します。

　この現実は、経済活動を含め過去の人間の歴史が作り上げてきた〝国境〟に、いともたやすく穴を開けたことにほかなりません。つまり、世界のどの国も「国防」、すなわち「国民の命を守ること」の中身の変更を迫られているということです。


　わが国の国防政策が、こうした状況にあってなお、すでに色あせた感のあるアメリカの軍事戦略に追随したままでいいものかどうか。

　むしろ、国民の生活に寄り添い、憲法9条の〝非戦〟の思想に基づいた自衛隊の新たな活躍の場が求められているとも言えます。

　本書では、アンデルセンの童話にある「王様は裸だ！」と叫んだ子どもの素直な目と同じ目線で、この日本の〝笑えない現実〟、すなわち、「日本の国防」を多面的に活写することに努めました。

　そして今こそ、70数年ほど前にあった同じ轍《てつ》を踏まない新しい方策、戦争につながる武器を持たない〝丸腰〟の国防を、この書を手にしたあなたと一緒に考えていきたいと切に思っております。

2021年1月

著者著す

非戦の国防論 ― 憲法9条を活かした安全保障戦略 ●目　次

はしがき　3

第1章　国民の「空気」となった脅威論を解剖する　12
脅威論の経緯／北朝鮮脅威論と拉致問題／北朝鮮脅威論の実際
「中国の脅威」とは何か／中国の脅威にどう対処するか
テロの脅威／元々はテロの標的ではない日本

第2章　憲法第9条をめぐる遥か遠くの懐かしい情景　36
マッカーサーの押し付けではない
無条件の戦争放棄／マッカーサーの変貌

第3章　自衛隊はこんなに立派な軍隊になった　44

中曽根康弘と三島由紀夫の主張／自衛隊は立派な軍隊
「軍」と「産」の癒着／会計検査院のチェックを

第4章　日本の中の異国――在日米軍基地　57
日米合同委員会／韓国の国防事情／トルーマン・ドクトリン
在日米軍の犯罪／日本の空を支配する在日米軍
アメリカン・コンプレックス／日本のための米軍基地？
米軍への「思いやり予算」／何とも空しい日本

第5章　市民にとって戦争とは何か　82
自衛を口実にした戦争／国体護持のために
戦争はなくならないのか／近代の戦争を見てみると
「非常時」という言葉／現代の戦争はどうか
「在留邦人が危険にさらされた場合」？／「平和が著しく脅かされる事態」？
「国民の生命と財産を守るために」？／憎悪の連鎖を断つ

第6章 仮想敵国と「侵略」を考える 106
ヨーロッパやアメリカの仮想敵国／日本にとっての仮想敵国
日本を侵略する国はどこ？／日本国憲法は現実性を欠いている？
現実を考えてみると／尖閣諸島問題を再考する
尖閣諸島問題「棚上げ論」／中国脅威論の背景

第7章 「積極的平和主義」と集団的自衛権について 130
安倍流「積極的平和主義」の実相／「二国間平和主義」か「世界平和主義」か
イスラム諸国は元々は日本に好意的／アメリカという国
中国の脅威について改めて考える／東アジアの悠久平和のために

第8章 「丸腰」国防のユニークな戦略 143
ヨーロッパの反軍運動／〝丸腰〟国防の方策

逃げるが勝ち／食糧自給率の低さ／食糧アンポ
北朝鮮の食糧事情／難民問題
北朝鮮への食糧援助／日本農業活性化のためにも
国際社会において名誉ある地位を／〃瑞穂の国〃日本

第9章 在日米軍基地と自衛隊駐屯地の完全撤廃 174
安保条約は破棄できる／米軍基地撤廃を

第10章 自衛隊が生まれ変わった！ 179
人こそ国家の存立基盤／自衛隊の役立て方
兵器購入費を隊員経費に／自衛隊の将来イメージ

あとがき 191
主要参考文献 194

第1章 国民の「空気」となった脅威論を解剖する

マハティール・ビン・モハマド（マレーシア前首相・医師　1925〜）

新型コロナは銃やロケット弾では殺せない。武器よりも、ウイルス研究に時間を充てるべきだ。……今回のパンデミックは人類に対し、戦争に背を向けるよう迫っている。戦いをしている時間はない。（東京新聞2020年7月9日付）

私たちの周囲で安全保障上の脅威論の存在が目立ち出したのは、冷戦後に限って言えば、北朝鮮のミサイル発射実験や核実験、あるいはイラク戦争、ニューヨーク・マンハッタンの9・11テロなどがあってからです。それからこちら10年以上も私たちは、何かにつけて「国防上の脅威」という声を聞かされ続けています、為政者やマスコミ、そして知識人と言われる人たちによってです。それも対北朝鮮、対中国、対テロの脅威論として。

しかも、その脅威の信憑性がいまひとつ定かでないままに〝備え〟だけが次々と作られていきます。そして、その集大成が第二次安倍政権による集団的自衛権の行使容認を含む安保関連法の制定です。

脅威論の経緯

国民のなかに何かそれが当然であるかのような〝空気〟も感じられることから、本章で法案成立を目指す人たちは、どのような機会にどのような論拠で国防上の脅威論を広めていったのか、またその論拠を否定する人はそこにいかなる矛盾を指摘するのかなど、種々の文献を基に国防上の脅威論をつぶさに解剖してみたいと思います。

安全保障上の脅威ですが、それは「対国家」と「対非対称国家」の2種類に大別されます。どこかの国が攻撃を仕掛けてくるかも知れないというのが前者、国家という枠組みには属さない個人あるいはグループによる武力を伴う攻撃があるかも知れないというのが後者です。

しかも、脅威論というのは、常に「……してきた時には」というように仮定形で語られるもので、現実には何も起きていない状況下でのみ成り立つものです。つまり、〈戦前という時間〉を支配するのが脅威論なのです。北朝鮮や中国に対する脅威論が渦巻いている現在は「戦前」ということになります。

私たちは戦争に負け、戦後を生きてきたはずだというのに、実は脅威論がある限り戦前を生きていることになるわけで、なんともおかしな状況に立たされていると言えるでしょう。その証拠を以下に追ってみることにします。

まずは古い話として……。

１９５０年６月に朝鮮戦争が勃発すると、早くも８月には警察予備隊が創設されます。アメリカ軍の朝鮮戦争出兵で手薄になった国内の治安維持にあたるためですが、その背景には日本共産党の運動路線がソ連の指導の下、武力闘争路線へ転換したことが大きく影響しています。そして、１９５２年10月の保安隊を経て54年に自衛隊と名称が変わった時には、日本は実質的な軍事力を有するまでになっていました。その頃には、すでに「東西冷戦」は構造化していたからでもあります。

すなわち、１９４９年には東にドイツ民主共和国、西にドイツ連邦共和国が成立、同年のソ連の原爆保有、毛沢東による中華人民共和国の成立があり、翌50年には中ソ友好同盟条約の調印、そして朝鮮戦争への中国の参戦……と、アメリカは国際情勢の変化に伴って増大する共産主義の脅威をはっきりと捉え始めていたので、日本国内の治安維持と防共への備えを分担する目的で自衛隊の創設を促します。

つまり、日本に存在する脅威論は、元はと言えばアメリカの立場に沿うものであって、仮想敵国は明らかにソ連ということになります。ただ当時は、日本人の中にソ連は嫌いだ、アカ（共産主義）は嫌いだと思ってはいても、ソ連の存在が「差し迫った脅威」と認識していた大人はいなかったように思います。

1951年のサンフランシスコ講和条約がソ連、中国、台湾を除いた単独講和だったために、アメリカを中心とする「自由主義陣営」の一員として、日本はソ連を仮想敵国とする立場に立たされてしまったというのが本当のところではないでしょうか。

ただ、その当時の日本人にとっては、対ソ連よりも核戦争そのものの脅威の方がはるかに大きなものだったと思います。何しろ、世界で唯一の被爆国である日本は原爆の恐ろしさを身に滲みていましたし、核戦争によって人類が破滅すると本気で心配する人がたくさんいたようです。

1954年3月1日、マーシャル諸島近海のビキニ環礁で操業していた第五福竜丸がアメリカの水爆実験による死の灰を受け、漁労長の久保山愛吉さんが亡くなったことで、原水爆反対の署名運動が日本中に起こったことは有名です。また翌55年には、原爆恐怖症の男が主人公の映画「生きものの記録」が黒澤明監督によって撮られています。

朝鮮戦争以降もキューバ危機やベトナム戦争、中東戦争などが起きるたびに日本はアメリカ発の〝脅威〟の波にさらされ続けてきました。言葉を替えれば、憲法9条を持っている日本が、こうした冷戦に対して自前の脅威論なり国際平和論を世界に発信することは一度もなかったということです。

しかし今日、冷戦終結後であるにもかかわらず世界情勢は大きく変動します。北朝鮮の核保有と中国の軍事力と経済力の飛躍的成長が日本およびその周辺諸国にとっての大きな〝脅威〟となったからです。日本にとってこれまでは何となく他者のものであった脅威が、ここに来て初めて自身の問題となったということです。

ここからは北朝鮮と中国、そして9・11が頭から離れないテロの脅威についても個別に検討することにいたします。

北朝鮮脅威論と拉致問題

対北朝鮮の脅威がにわかに高まったのは、1998年のテポドン発射実験があってからですが、それに金王朝による独裁、先軍政治、核兵器保有、拉致問題などがセットとなって、「北朝鮮は何をするか分からない不気味で恐ろしい国」という北朝鮮脅威論が生まれます。

とりわけ、日本国民個人に向けられたという意味で避けて通れない問題は拉致問題です。被害者とそのご家族にとっては、まさしく不条理そのものの出来事です。何が何だか分からないままに、北朝鮮という未知の世界の住人にむりやり仕立て上げられてしまうのですから。

ただ、その後の拉致問題解決に関して言えば、何か腑に落ちないものを感じるのです。誰かが拉致被害者の悲嘆を利用している、そんな気がしてなりません。そして、それは脅威を煽るためになされている、と。

さらに加えれば、拉致問題に関するマスコミ報道は、感情論に依拠し過ぎているように思います。視聴者の心に同情ばかりを植えつけているように思えるのですが……。同情は長持ちしません。そこで視聴者の心に残るのは、北朝鮮への過剰な嫌悪と脅威だけです。一方、拉致被害者とそのご家族にとっては、実は「北の脅威論」は無用なものなのです。なぜなら、すでに被害者だからです。

うがった見方を許してもらえれば、北朝鮮に対する脅威を煽ることで軍備拡大を目論む人たちにとっては、拉致問題の解決は引き延ばした方が得策だからです。何しろこれから先に拉致の可能性はありませんし。

２００２年９月の小泉純一郎首相の電撃的な訪朝とその「ピョンヤン宣言」は一体どうなってしまったのか。「速やかな解決を図るためにあらゆる外交手段を行使する」にとどまったままです。

その後、日本国民の代表たる安倍晋三首相（当時）がピョンヤンに行く気配は全くありませんでした。北朝鮮に経済制裁を加えているアメリカ大統領に解決を委ねている、悲しむべき有様が現実です。

拉致問題に対する今の北朝鮮政府の態度は、「国交正常化が実現すれば、ただちに拉致被害者を帰す」というもので、日本政府は「拉致被害者問題の解決なくして国交正常化はあり得ない」と言っています。

北の言い分は拉致被害者を人質にして外交交渉をしているように見えます。その点で言えば、日本政府の言い分の方が筋は通っています。道義的に信用できない国と国交正常化などできるわけがない、と。

ただ、ここの双方の主張には時間のズレがあることを知っておく必要があります。小泉首相が5人の拉致被害者を連れて帰った時の約束は「一時帰国」でした。しかし、実際はその約束を反故にしたのです。5人の帰国者の顔を見るだけで、おそらく小泉首相も相当悩んだことと は思いますが、「悪かった」と謝罪したうえに裏切られた北朝鮮最高指導者・金正日の心の裡はどうだったでしょうか。朝鮮人は誇り高い民族だということも考えに入れておくべきだと思います。

こうなった以上、多面的な外交が必要なのでしょう。アントニオ猪木氏も言っていました。「北への偏見をなくして、俺のような人間でもどんどん利用してほしい」と。

話は飛びますが、拉致と言えば1973年の8月に、なんと白昼の東京のホテルから、韓国の若き政治家・金大中が韓国中央情報部によって強制的に連れ去られるという事件がありました。田中角栄首相と朴正熙大統領との間で秘密裡に政治的解決をしようとした時、自民党の宇都宮徳馬衆議院議員は、憤然と日本人政治家としての責任をとって議員を辞職しました。
同じ朝鮮半島でも、北朝鮮を遥かに遠い国にしてしまったのはいったい誰なのか。拉致問題の全面的解決は当面難しいということになるのでしょうか。

北朝鮮脅威論の実際

その朝鮮半島では南北間の分断と対立が38度線を挟んで未だに続いており、祖国統一どころか南北にとって互いの存在が脅威そのものなのです。血を分けた同じ民族だというのに、です。そうした状況は、元はと言えば米ソ両大国を中心軸とする冷戦構造が産み落としたものにほかなりません。さらに遡れば、１９１０年の日韓併合に行き着きます。そして、日本敗戦が産み落とした38度線。

先の大戦の戦争処理問題も尾を引いています。「日本が過去に犯した罪に比べれば、われわれの拉致などものの数ではない」という論法が北朝鮮側にしばしば見られることからもそれは察せられます。

１９３９年から始まり１９４５年までの間になされた日本政府による約１５０万人もの朝鮮人の強制連行のことです。朝鮮労働者の置かれた現場環境は、〈監獄部屋〉と呼ばれたほど苛酷なものだったと言われています。また、その１５０万人のうちのはたして何万人が日本軍によって拉致されて来たのか、未だに解明されていません。関係資料が敗戦時の日本政府によって燃やされてしまったからです。ですから、北朝鮮の（同じく韓国の）主張は、分からないではありません。

拉致問題は未解決ですが、すでに「脅威」からは外れています。その後に起こったテポドン発射実験や核開発は、「日本国家そのものへの脅威」と言わしめるものです。

1998年の日本海に向けてのミサイルの発射実験、さらに2006年の核実験など、そこでの日本政府の反応を次に紹介します。

当時の野呂田芳成防衛庁長官の発言「原子力施設にミサイルが撃ち込まれたらどうするか。人口過密地に生物化学兵器が撃ち込まれたらどうするか」のように、「……したら」の仮定法でものを言うケースが多くみられます。

後任の石破茂防衛庁長官は、「事が起こってからでは遅い。弾道ミサイルという新しい脅威への対応能力を早く持とう。防衛庁始まって以来の大転換期だ」と、さらに一歩踏み込んだMD（ミサイル防衛）、つまり迎撃ミサイル網の配備の必要性を示唆していました。

そう言えば、「北朝鮮の脅威には日本は核武装で対抗すべき」という西村真悟防衛政務次官の発言も記憶のどこかにあります。

そして、1998年9月の衆議院本会議では、「北朝鮮によるミサイル発射に抗議する決議」

がなされ、翌年の3月23日に「能登沖不審船事件」が発生すると、自衛隊に対して日本史上初の海上警備行動が発令されます。不審船は北朝鮮の工作船だったようですが、自衛隊は空と海から警告射撃と爆弾投下を行ないつつ、それを北朝鮮領海付近まで追跡したため、軍事衝突寸前の緊張に包まれました。そのようなこともあって、通称「日米ガイドライン関連法案」が１９９９年4月に国会で成立します。対北脅威論がベースになってのことです。

さらに、２００２年には北が初の核実験を実施します。

当時の第一次安倍内閣は「日本に対する脅威が倍加した」という認識を示し、その一方、長くＮＨＫワシントン特派員を務めていた手島龍一氏などは「北朝鮮の本当の狙いは、アメリカの関心を中東から自分たちのもとへ戻したうえで、二国間交渉を実現させることにあり、そうした思惑のもとで実験はなされた」と言っています。

なお、その後の北朝鮮のミサイル発射は、２００６年7発、２００９年8発、２０１６年23発、２０１７年17発……と続きます。

その最も露骨な例がごく最近ありました。米朝二国間交渉に揺さぶりをかけた２０１９年7月25日の日本海に向けて発射された短距離弾道ミサイルです。

こうした一連の北の露骨な弾道ミサイル実験に対して、防衛省はかねてイージス弾道ミサイル防衛システム（イージス・アショア）の秋田県と山口県への配備を追求していたものの、２０２０年6月15日、ミサイル発射機能の不備が露呈し配備計画は中止、代わって「敵基地攻撃」（河野太郎防衛大臣）なる一歩間違えば先制攻撃になりかねない物騒な用語が政府内で語られだしてきています。

「中国の脅威」とは何か

ご承知のように、日本と中国は尖閣諸島の帰属問題で対立状態にあります。新聞やテレビで毎日のように中国の船舶による領海侵犯、そして航空機による領空侵犯が報じられています。また、中国は東シナ海や南沙諸島方面においても、フィリピンやベトナムと緊張状態にあります。

こうした中国の海洋進出の動きや高圧的な政府高官の言辞から、中国は強大な経済力と軍事力を背景に、今や新たな覇権国家となった感さえあります。力を持った新興国が老いた覇権国家を駆逐するという歴史の法則を持ち出して、中国はやがてアメリカと一戦交えるだろうと予測する国際政治学者がいる一方で、G2という語がすでに出回っていますが、21世紀の世界を米中2国で割譲し合っていこうという、いわゆる新しい大国関係が結ばれつつあるとの見方もあります。そうしたことを念頭におけば、中国脅威論ばかりが拡大していく日本は、やがて世界の潮流から取り残されてしまうのではないかと心配にもなります。

日中の緊張の元となっているのが尖閣諸島です。日本と中国のいったいどちらの領土なのか、さまざまな歴史的文献や古地図を双方が示しあい、その正当性をめぐって対立しています。

一方、自民党から日本共産党にいたるまで、「尖閣は日本固有の領土であり、日中間に領土問題は存在しない」と言い張っています。

その根拠は、日清戦争のあった1895年に先占（つまり、無人島に最初に足を踏み入れること）することで、時の伊藤博文内閣が尖閣を日本領に組み入れたという事実があるからです。他方、中国の主張は主に1534年に明国の陳侃《ちんかん》という冊封使の遺した『使琉球録』と、1562年の同じく冊封使である郭汝霖《かくじょりん》の残した『重編使琉球録』に依拠しています。

尖閣には戦前まで鰹節工場がありました。あそこは近海がカツオの一大漁場なので、漁業国である日本としては領土であることは、それだけでも重要な意味を持つのです。当時の鰹節工場の創業者は古賀辰四郎という人で、明治政府は払い下げのかたちで彼に島を売り渡していま す。2012年9月の尖閣国有化の火付け役は、東京都で買おうと言い出した石原慎太郎東京都知事ですが、国有化というのは要するに、民間人から国が買い戻したというに過ぎません。

ところが、その国有化で日中間の緊張が一気に高まることになります。中国はもはや脅威の対象などというレベルを超えて、眼前の敵になったというような空気が日本全体を覆っています。

政治家の言動で言えば、村山談話や河野談話の見直しに言及するなど、中国を刺激して火に油を注ぐようなことばかりが目立ちます。アーミテージに代表されるアメリカのタカ派に後押しされるような集団的自衛権の行使容認が閣議決定されましたが、当然これにも中国政府は反発しています。

田中角栄首相がアメリカの頭越しに日中国交正常化を成し遂げたのは1972年ですが、その時、園田直外相との会談で鄧小平副総理から示されたのが、有名な尖閣問題の一時棚上げ論です。尖閣の問題の解決は将来の世代に任せようという……。

日本の政治家の中には棚上げ論の存在そのものを否定する人もいます。中国も、もう棚上げ論の時代には戻れないだろうという声が高まっています。対決姿勢を高めつつある中国政府、頻発する反日デモ、防空識別圏の拡大など、中国の脅威が高まっていくのは仕方がないという見方も成り立ちます。

参考までに、自衛隊戦闘機によるスクランブル回数ですが、中国機に対して2013年は415回、2018年になると938回と大幅に増えています。

冷戦時代はソ連機に対するスクランブルがほとんどでした。その冷戦時代が去った1999年に憲法学者の山内敏弘氏が著した『日米新ガイドラインと周辺事態法』（法律文化社）の中に、「冷戦終焉によってアクチュアル・リアリティ（眼前現実の脅威）からバーチュアル・リアリティ（仮想の脅威）が自衛隊の存在理由となった」という文脈が見られます。バーチュアル・リアリティに過ぎなかった中国が、尖閣問題のこじれによってアクチュアル・リアリティとして出現し直したと、安倍元首相や石破茂氏は捉えているように見えます。

たしかにあれだけ図体が大きい国で、今や日本を抜いて世界第2位の経済大国、強大な軍事力、ナショナリズムの台頭など、どれをとっても眼前現実の脅威と捉えられうる存在です。タカ派女性知識人の代表格である櫻井よしこ氏や渡部昇一氏、百田尚樹氏といった面々はとうに脅威論を飛び越えて可及的速やかな軍備増強論を唱えています。

また、民主党政権末期の防衛大臣・森本敏氏も北朝鮮・中国の脅威を念頭に、「日本人は自らが備えるという意識に欠けている」と警告を発しています。森本氏は「北朝鮮のミサイル攻撃を受けても日本海側に建つ原発はびくともしない」と軍事専門家にあるまじき妄言を吐いたこともある人ですから、今さら「備えるという意識に欠けている」と言われてもどう受け止めればいいのか……。

興味深いのは、前提となる文脈が同義であるのに、結論が正反対に分かれるという現象が政治家や識者の間に見られるということです。共通の前提となるのは、もし日本と中国が武力衝突をするに至っても、アメリカは日本を助けないだろうという見方ですが、だからこそ日本は核武装をも含む軍備を拡大しろという考え方と、軍事力に頼らずに外交で脅威と緊張の緩和に努めるべきという考え方に分かれるのです。

アメリカが必ず応援の手を差し伸べるという見方は、今や少数派ではないかと思います。少し前のアメリカ国内の調査結果では、アメリカにとって重要なパートナーは中国だという結果が出ていることからも分かるように、落ち目の日本はアメリカから見放されつつあるということです。中国と衝突してもアメリカはたぶん傍観するだけでしょう。孫崎享元防衛大学校教授も2012年に著した『検証 尖閣問題』（岩波書店）のなかでそのような見方を示しています。

そうだとすれば、そもそも日米安保条約は意味をなさないことになります。安倍政権は、そうした事態にうすうす気づいていて、日米関係の強化にあせっていたフシが窺えました。集団的自衛権の行使容認や基盤的防衛力構想の見直しなどをあれほど急いでいたのは、その現れではないかと思えるからです。

それはそうと、中国はすでに2007年、宇宙空間での衛星破壊実験に成功しました。車のナビゲーターシステムは、もともと軍事目的で作られたものですが、人工衛星から送られてくる情報がなければ使えません。中国はアメリカのロケット宇宙技術を応用した軍事システムを無力化してしまう能力を持ったということですから、アメリカにとっては脅威そのものです。もちろんアメリカに依存している日本としても、です。

こうした中国の台頭は、鄧小平の説いた「韜光養晦《とうこうようかい》」（ひっそりと実力を蓄える、の意）を地で行くものです。核兵器の製造もそうですが、冷戦時代には中国は軍事面でかなりの部分をソ連に頼っていました。それがいつの間にか独力で宇宙空間での軍拡競争に参加できるほどの技術力、つまりハイテクを身につけてしまったわけです。

どうやらアメリカと中国の対立を中心軸に新たな冷戦時代が始まったように思います。一方が軍事訓練をやれば、もう一方もすぐに訓練をやります。米中艦船の異常接近も起きています。2014年、アメリカはフィリピンの軍事基地を復活させましたが、それも中国の南沙方面への海洋進出の脅威に備えるためと思われます。

中国の脅威にどう対処するか

では、その中国の脅威に対して日本はどのように対処すべきなのかということです。尖閣問題に端を発した諸々の脅威は、日中双方の間のことのみにとどまらず、グローバリズム下での世界情勢の流れのなかで捉えるべきだと思います。

孫崎氏の『検証　尖閣問題』のなかに、日中間の脅威が高まることで得をするのはドイツやアメリカの自動車産業だという話があります。トヨタ、ホンダの車の中国内売り上げ台数が小泉首相の靖国神社参拝への中国国民の反発で激減したという事例があるように、そうした経済への悪影響も含めて、脅威には冷静に対処すべき、と孫崎氏は自著のなかで一貫して主張しています。にもかかわらず、2020年版『防衛白書』は、中国の南沙諸島での動きを念頭に、中国は執拗に海洋進出を目論んでいると、かつてない強い文言で中国を批判しています。

これに対し中国政府も、この『防衛白書』を「いたずらに中国への脅威を日本国民に煽っているもの」と反論しています。

また中国は、日本政府による総額2兆円にも達するアメリカ製ステルス型戦闘機のまとめ買い（未だかつてなかったこと）にも反発しています。当然と言えば当然ですが……。

いったいこの先、日中関係はどうなってしまうのでしょう。

右翼と目されている一水会の鈴木邦男氏は、「中国脅威論を支持率アップに利用するな」と安倍批判をしていました。

国民世論を沈静化するためにも、そのような言説の高まりを野党や、とくに自民党内の穏健派に期待したいものの、今の自民党内に故野中広務氏や古賀誠氏のような人は見られません。しかも、大手マスコミはそういう人の意見をめったに取り上げないので、古賀氏などは共産党の赤旗新聞紙上で安倍批判を繰り広げている状況です。批判の中心は安倍政権の極端な右傾化政策でしたが。

一つ救いがあるとすれば、小野寺五典防衛大臣が２０１４年4月11日付の毎日新聞朝刊のインタビューで、「私たち隣国はこれから１００年も１０００年も隣国だ。努力を重ねて信頼を醸成していけば、50年先には東アジアも安定するかもしれない」と語ったことです。ぜひともそうあってほしいと願います。

最後に一つ、私が最近読んだ本の中から著名な評論家・内田樹氏が2009年に著した『日本辺境論』（新潮社）の一節を紹介します。

「北朝鮮がミサイルを撃ち込んでくるかもしれない。中国が東シナ海のガス田を実効支配するかもしれない。そういうことにまで追い詰められたら、こちらに軍事力がなければ話にならない。そういう被害の構文でしか〝現実主義者〟は軍事について語らない。……〝追い詰められない〟予防的手だてを講ずるということについては、ほとんど知的ソースを投じない。自分から〝打つ手〟というのは何も考えていない」と。

彼の言うところの〝打つ手〟を平和的な外交努力とすれば、私たち一人ひとりにとっての命題ともなり得るものだと思います。

テロの脅威

このところ沈静化しつつあるものの、「イスラム国」（ＩＳ）の出現でこの数年、テロが国際舞台の主流になった感があります。２０２１年の東京オリンピックが近づくにつれ、政府関係者は相当神経をすり減らすことになるのではないかと想像されます。

テロは非対象国家の脅威に分類される脅威です。三省堂の『新明解国語辞典』でテロリズムを引くと、「政見の異なる相手、特に政府高官や反対党の首領を暗殺したりして自己の主張を通そうとする行為（を是認する主義）」とあります。英語では「テラー」、語源はラテン語の「テロ」です。日本語は単なる「恐怖」ですが、英語の「テラー」は不可視の恐怖の意味を含んでいるようです。つまり、テロの脅威とは、どこに潜んでいるのかも不明な相手に狙われている恐怖の心理作用と言えるでしょう。

アメリカ国防省の『国際テロリズムの動向　２００３』には「普遍的に認められたテロリズムの定義はない」とされています。おそらくないのではなく、あり過ぎるのでしょう。

では、アメリカに定義が存在しない理由は何なのかということです。つまり、昨日の味方のイラン、イラク、アフガニスタンが今日の敵ですから。それに、かつてＣＩＡがビンラディンをはじめとするテロリストを養成していたという話もありますし。

ところで、対国家脅威論のところでも触れましたが、北朝鮮の脅威の拡大が為政者やマスコミによって喧伝されていく過程で、日米ガイドライン関連法が制定されましたし、９・11後にはテロ特別措置法に始まり、国連平和維持活動（ＰＫＯ）協力法、テロ資金関連法、有事法、国民保護法など新法が次々と制定されています。

そうした流れのなかで政治家や識者、マスコミはどんな表現でテロ脅威論を語っていたか。まず、ニューヨークの９・11テロ直後に読売新聞調査研究本部が編集し中央公論社から出された『対テロリズム戦争』（２００１）という本を紹介します。これは読売新聞に載ったさまざまな識者の9・11を受けての感想と意見を再録するという形式をとっています。そうした人々の論理は、おおむね「テロは民主主義と自由経済主義体制に対する許し難く卑劣な攻撃であり、日本もまたその体制の成員として当事者意識を共有せねばならない」というものです。

つまり、世界秩序に対するテロ脅威が日本に対するそれよりも先立っているということです。名前を挙げて紹介します。

山内昌之東京大学教授。「九・一一は文明総体に対する挑戦であり、新しい質の戦争である」と。明石康日本紛争予防センター会長。「テロは近代社会の根幹にある人間の尊厳への挑戦であり、その脅威は今後ますます増えていくだろう」と。

お二人とも、9・11テロによって文明社会と、そこに生きる人々への新しい脅威が出現したというような捉え方をしています。

続いて劇作家であり評論家でもある山崎正和氏。「政治文明史に未曾有の問題をテロは提起した。文明世界の良識を混乱させ、世界世論を動揺させた不幸な出来事」と。

もっとも、この人たちが示している文明社会とは西欧文明社会であり、その良識とは民主主義と資本主義であるということでしょうが。

この本のなかで経済の専門家を代表するかたちで、〝ミスターYEN〟と称された榊原英資慶応大学教授と元経済企画庁長官の堺屋太一氏が、世界恐慌をも視野に入れた経済への悪影響に懸念を表したのは、そうしたことから言えば自然の成り行きでしょう。

それよりも私が注目したのは、丸紅社長の辻亭氏の文章です。「アメリカに対して憲法の枠内で日本は出来る限り協力すべき」と訴え、「テロ対策の新法早期成立に努力する小泉首相に対して企業人としても賛同したい」と述べていることです。この発言の背後に私は軍需関連企業の鋭敏さを感じるのですが、穿《うが》ちすぎでしょうか。

最後に、軍事問題の専門家としての立場から軍事ジャーナリストの小川和久氏と外交評論家の岡本行夫氏の発言を紹介します。小川氏が山内氏などと少し異なるのは、「日本は東半球全域へのアメリカ軍の出撃拠点であるという立場上、アメリカとの共同正犯のような国だ」としているところです。したがって、日本はアメリカと同じく常に「テロリストに攻撃されることを意識せねばならない」とテロ脅威論を展開しています。

ということは、アメリカ軍の基地をなくせば日本はテロの脅威から解放されると理解していいことになりそうですが、そうではないのです。

岡本氏は「軍事行動こそテロ根絶への道である」と述べていますし、そこのところは小川氏も基本的に同じのようです。つまり彼らお二人は、日本からのアメリカ軍の撤退などという発想は毛頭持ち合わせていません。

元々はテロの標的ではない日本

以上がテロ脅威論ということになりますが、あえて私見を言わせてもらえば、元々ないものをあると言いくるめるのは誰にとっても難しいものだということです。日本はビンラディンに対しても、アルカイダやタリバンに対しても敵対行動を一度たりとも取ったことがない、つまり、テロリストに狙われる理由などどこにもないのですから。

ニューヨークの9・11から20年近く経ちましたが、実際のところ国内での外国人によるテロは発生していません。9・11の首謀者とされたビンラディンは、すでにこの世にいません。アルカイダの力も衰えたと伝えられています。一方、そのアルカイダから分離してイラクの治安情勢の混乱を温床に、ISなるテロリストのニュースがこの数年連日のように報道されました。湯川遥菜さんと後藤健二さんが卑劣な手段で殺害された記憶は、まだ私たちの中にあります。

湯川さんと後藤さんが殺害された後、イスラム国から日本に送られた「お前の国民はどこにいたとしても殺されることになる。日本にとっての悪夢を始めよう」というメッセージがありました。

そのことについては国際ジャーナリストの丸谷元人著『なぜ「イスラム国」は日本人を殺したか』（PHP研究所　2015）のなかで「日本もまたイスラム国に狙われる覚悟を決めねばならない。〈平和ボケ〉は通用しない時代にわれわれは立ち入ろうとしている」と述べています。

ISは格好の出版のテーマということでしょうか。『本当に「イスラム国」は日本にテロを起こすのか？』（宝島社　2015）にも、「そのメッセージはついに日本がイスラム国の標的になったことを示した」、「戦後七〇年目の節目にあたる今年、日本は否応なしに、世界の戦争に巻き込まれてしまった」とあります。

こうした状況を考えると、何か変な感じに襲われます。10数年前のイラク戦争での自衛隊派遣を契機に、日本がテロリストの視野に入りやすくなったという説がすでに何人もの識者が口にしていたはずですから。

ＩＳによる2人の日本人殺害の理由には、エジプトを訪問した安倍首相がＩＳと戦う周辺国に約2億ドルの支援を約束したことに対して、ＩＳが反発したからという説があります。それと、イスラエルのネタニヤフ首相と安倍首相の首脳会談も問題でした。イスラエルは明らかにＩＳの敵ですから。イスラエルと日本両国の国旗をバックに仲良くしているところを見せれば、日本もまた敵と見なされても仕方ないでしょう。つまり、日本は戦争に巻き込まれたのではなく、自ら進んで参戦したと言ったほうが正しいことになります。

安倍首相の想像力の欠如に関しては、もっと責任を問われるべきだったでしょう。もともとＩＳの敵意は基本的に欧米に向けられていたもので、イスラム圏では日本人に対してはむしろ友好的ですらあったわけですから。

かつてイスラム圏の国々で日本のテレビドラマ「おしん」が大変な人気だったと言います。

また、サウジアラビアなどでは「日本はロシアに勝った」と日露戦争の話を持ち出して賞賛する人がいるそうですし。ですから、イスラム圏との関係を悪くしたのは今の政治家だと言えるでしょう。

脅威論は「……だったら」「万一……の時は」という仮定法で語られることが多いです。それと集団的自衛権の行使で遠くの国に新しく敵を作ることを別にすれば、ソ連が崩壊した今、仮想敵国は中国と北朝鮮ということになっています。

ここが重要です。自然災害ならともかく、人間社会のこととして「①脅威論がすべて仮定法で語られること、②脅威の相手国は今や中国・北朝鮮の2か国に過ぎないこと」、この2つをよくよく頭に入れておくことにし、それをもとに、第2章以下の議論に入ることにいたします。

本章末の一言

他国からの「軍事的脅威」を同じ軍事の枠内で想像をたくましくすると、その行きつく先は例の「敵基地攻撃能力の保有」(河野太郎防衛大臣)に行き着きます。

わが国には、狙われれば54基もの原発があるというのに。今こそ、発想の転換が求められています。

第2章　憲法第9条をめぐる遥か遠くの懐かしい情景

内村鑑三（思想家　1861〜1930）

戦争が戦争を止めた例は一つもない、戦争は戦争を生む……世に迷想多しと雖《いえど》も、軍備は平和の保障であるというが如き大なる迷想はない。軍備は平和を保障しない、戦争を保障する……。（『世界の平和は如何にして来る乎』より）

日本にとっての国防上の〝脅威〟については、第1章でいろいろな識者の目を通して紹介してきました。そこから分かったことは、軍隊を背景にした〝強い日本〟を実現したいと思っている政治家やその道の学者がたくさんいるということです。その人たちにとって、いつも足かせになっているのが日本国憲法第9条です。9条が外交上の〝頼りとなる武器〟ではなく、思うようにならない〝制約条項〟と映っているからです。

では、この第9条の成立過程はどうだったのか、です。

マッカーサーの押し付けではない

新しい憲法を作る動きは終戦から2か月後に早くもありました。1945（昭和20）年10月に憲法問題調査会が発足しています。委員長は元東京大学の法学部教授で幣原喜重郎内閣の憲法改正担当国務大臣の松本烝治。メンバーは天皇機関説で有名な美濃部達吉を含む20人ですが、面白いのは、天皇の位置づけでは誰もが「皇統の万世一系」にこだわっていることです。それと、「強いられた宣戦はどうするか」や、「独立国である以上は軍がないなどは考えられない」とか、そのあたりのところをかなり堂々巡りしています。長年の既成観念に捉われたままの姿をそこに見ます。

これは政府が進めていた調査会ですが、一方の民間では、憲法研究会（高野岩三郎、馬場恒吾、森戸辰男、鈴木安蔵ら7人）が1882（明治15）年に植木枝盛が著した「東洋大日本帝国憲法」なども参考にしつつ、「日本国の統治権は日本国民より発す」という革新的な案をまとめていました。ほかに日本自由党、日本進歩党、日本社会党も改正憲法案を作っています。日本共産党は「日本人民共和国憲法」を考えていました。ただ、いずれも軍については触れていません。敗戦直後ですから、触れたくないといった感情があったのかも知れません。

こんな場面がありました。

1946年1月24日に、幣原首相が占領軍総司令部（GHQ）のマッカーサーを訪ねます。そして、「新憲法を書き上げる際にいわゆる戦争放棄条項を含め、日本は軍事機構は一切持たないことを決めた」と提案するのです。憲法問題調査会の発足から3か月ほど後のことです。

それを聞いてマッカーサーは、「腰が抜ける程おどろいた。戦争を国際間の紛争解決には時代遅れの手段として廃止することは、私が長年情熱を傾けてきた夢だった。氏は、私の事務所を出るときには、感極まるといった風情で、顔をくしゃくしゃにしながら、私の方を向いて『世界は私達を非現実的な夢想家と笑いあざけるかも知れない。しかし、百年後には私達は預言者と呼ばれますよ』と言った」と。

ですから、いろいろな憲法案はあったようですが、政府（少なくとも首相の幣原）は真剣に戦争放棄を考えていたわけで、マッカーサーからの押し付けではなかったということでしょう。

マッカーサーの腹心のホイットニー将軍が吉田茂外相を前に、松本試案を突っぱねて言います。「最高司令官が幣原氏に申しましたように、この条項は恒久平和への動きについて、世界に対し道徳的リーダーシップをとる機会を日本に提供するものであります。戦争放棄ということが、他の諸原則の中に埋没するようなことがあってはならず、その目的に添うように、くっきりと際立った形で述べられなければなりません。そしてまさに現在、日本は世界から好意的な眼で注視される必要があるのです」（ケーディック・ラウレルハッツラー『ホイットニー将軍記』1946）と。

無条件の戦争放棄

以下に注目すべき場面を紹介します。

１９４６年６月25日の衆議院本会議で吉田茂首相が憲法第９条の提案理由を述べます。

「戦争放棄に関する本案の規定は、直接的には自衛権を否定してはおりませんが、第９条第２項において、一切の軍備と国の交戦権を認めない結果、自衛権の発動としての戦争も、又交戦権も放棄したものであります。従来近年の戦争は多く自衛権の名において戦われたものであります。満州事変しかり太平洋戦争またしかりであります。故にわが国においては、如何なる名義をもってしても交戦権はまず第一に、自らすすんで放棄する。放棄することによって、全世界の平和確立の基礎を成す、全世界の平和愛好国の先頭に立って、世界の平和確立に貢献する決意をまずこの憲法において表明したいと思うのであります」と。

さらにその３日後の衆議院特別委員会では、「国家の防衛権による戦争を認むるということは、戦争を誘発する有害な考えであるのみならず、正当防衛を認むるということそれ自身が有害であると思うのであります」と述べています。

吉田首相の右の答弁は軍隊の有る無しについて、「どういう条件では」とは言っていません。そもそも軍隊を持つことが戦争を誘発するのだという本質論を言っています。

2年後に首相になる民主党の芦田均も、この戦争放棄について明快な考えを述べています。「平和主義を採用したことは、わが国憲法に千鈞の重みを加へた。フランスの革命憲法には『フランス国家は征服の目的で戦争に愬《うった》へることを放棄し、いかなる国民の自由に対しても決して兵力を行使しない……』と。またブラジル憲法には『いかなる場合にも、ブラジルは征服戦争に従事しない』と。まずもつて全面的に軍備を撤去しつつ、戦争の否定を規定した憲法は、おそらく世界において之を嚆矢とするであらう」（芦田均著『新憲法解釈』ダイヤモンド社 1946）と。

もっとも、この憲法ですが、実は憲法調査会を設けて自主的に作らせたように見せかけて、GHQ民政局の優秀なスタッフが9日間で書き上げたものという説が本当のようです。万世一系の天皇の処遇をどうするかなど議論している連中に、まともな憲法など作れるわけがないと踏んでいたからでしょう。

しかも、極東裁判での天皇の戦争責任を不問にし、戦後の国民統合に利用するとか、日本の軍国主義を徹底的に排除することをも企図していたようです（『日本の政治的再編』GHQ民政局編 1949）。

なお、1946年11月の日本国憲法公布の第90回帝国議会で、沖縄代表議員5名が出席できませんでした。その議員の一人は、「戦争中あれほど日本のために県民一同尽くしたのに議会に呼ばれないとはどういうことか」と憤慨した意見を述べていました。

マッカーサーは初めから沖縄を切り離して考えていて、本土が無防備つまり戦力を持たずとも沖縄さえがっちり米軍で固めていれば、と裏をとったうえでの憲法9条ということなのかも知れません。この時の帝国議会に沖縄議員が呼ばれていなかったということは、すでにアメリカと裏で話がついていたということになります。

それには、沖縄の処遇について昭和天皇自ら宮内庁御用掛を通じてマッカーサーにメッセージを送っていることとも関係しているようです。

「天皇は、アメリカが沖縄を始め琉球の他の諸島を軍事占領し続けることを希望している。……天皇がさらに思うに、アメリカによる沖縄（と要請があり次第他の諸島嶼）の軍事占領は、日本に主権を残存させた形で、長期の――二五年から五〇年ないしそれ以上の――貸与をするという擬制のうえになされるべきである」（『平和憲法の深層』古関彰一　ちくま新書　2015）と。

平和憲法も明らかに沖縄県民の犠牲の上にあったということです。

天皇は象徴として位置づけられていて、政治的発言は禁じられているはずですから、このメッセージはおそらく憲法発布以前になされたものと思われます。

マッカーサーの変貌

ところで、憲法の柱である「マッカーサー三原則」の象徴天皇制、戦争放棄、封建制度解体のうちの戦争放棄が、ソ連の原爆保持や朝鮮戦争勃発を機に、これ以降の政治局面で微妙に変化してきます。つまり、再軍備に関してです。

スターリンの革命戦略は、東欧諸国がまさにそうであるように、ソ連型社会主義国家（ソ連の衛星国家）を地続き的に広めていくことにあるわけだし、一方のアメリカは、それまでの伝統である孤立主義（モンロー主義）を転換して、共産主義の浸透を封じ込める任務をイギリスに代わって引き受けることになります。１９４７年のトルーマン・ドクトリンがそれです。共産主義勢力からギリシャとトルコをアメリカが単独で守ると宣言し、これを機にアメリカが自由主義陣営のリーダーになります。

日本国内では、労働運動が激化し、共産党も武装闘争路線を方針に掲げており、アメリカも日本政府もそこにソ連共産主義の影を見て、治安維持の必要性を感じとります。

今の自衛隊の二代前、いわばおじいさんにあたる警察予備隊構想が極東軍総司令部内で生まれるのも、そんな国内情勢が起因しているのでしょう。ソ連が原爆実験に成功するし、中国は毛沢東軍（人民解放軍）が中国全土を制圧して蒋介石を台湾に追いやるし、世界の情勢がにわかに二分された感じになるわけです。そこに朝鮮戦争の勃発ですから。

朝鮮戦争で日本国内の米軍が手薄になったこともあるのでしょうが、１９５０年にマッカーサーが警察予備隊の創設を吉田内閣に指令しています。陸上７万５０００人、海上８０００人です。

1951年9月に、日本はサンフランシスコ講和会議で平和条約調印とともに日米安全保障条約を締結します。当時は、ソ連や中国を交えた全面講和かソ連、中国、韓国、北朝鮮抜きの単独講和か世論は二分しますが、吉田内閣は早期独立を視野に単独講和に踏み切ります。つまり、どの陣営にも属さない「スイスのような国」ではなく、アメリカ軍の傘の中に入るわけです。マッカーサーはこの頃になると再軍備の必要を説くようになります。

1952年に警察予備隊が廃止されて保安隊が創設されます。そして、54年に防衛庁設置法と自衛隊法が成立し、今の自衛隊になるのがそれです。

そこで、いよいよ自衛隊と憲法9条との関係が問題になります。

本章末の一言

今の政治家を見ると、右であれ左であれ国防問題を、かつての吉田茂や芦田均のように原理的に述べる人はいません。そればかりか、現職の総理大臣みずからが憲法改正を公言して憚らない。これは明らかに憲法違反です。

なぜなら、憲法第10章（最高法規）の第99条［憲法尊重擁護義務］「天皇又は摂政及び国務大臣、国会議員、裁判官その他公務員は、この憲法を尊重し擁護する義務を負ふ」に反しているからです。しかも、この総理大臣の発言に対して憲法違反の声が衆参両院の国会議員からほとんど聞こえません。憲法に対する意識が弛緩しているからでしょう。

第3章　自衛隊はこんなに立派な軍隊になった

ドワイト・アイゼンハワー（アメリカ第34代大統領　1890～1969）

軍産複合体が、意識的にであれ、無意識的にであれ、不当な勢力を獲得しないよう、われわれとしては警戒していなければならない。この勢力が誤って台頭し、破滅的な力をふるう可能性は、現に存在しているし、将来も存在し続けるであろう。この軍産複合体の勢力をして、わが国民の自由や、民主的な過程を危殆《きたい》ならしめるようなことがあってはならない。（「大統領告別演説」より）

仮に菅義偉首相や岸信夫防衛大臣が国会の答弁で、うっかり「わが軍は……」と口を滑らせたら、おそらくマスコミがすぐに騒ぐことでしょう。

憲法の上では日本は軍隊を持たないことになっているのだし、今あるのは「個別的自衛権に基づく自衛隊であって軍隊ではない」わけですから。軍事費とか軍事力と言うこともダメです。

防衛費、防衛力でなければなりません。

その場合のマスコミが騒ぐ中身ですが、おそらく、「首相は心のなかでは自衛隊を軍隊と思っているからだろう」というものでしょう。マスコミは相手の欠点を見つけて批判することには長けていても、では自分たち自身は自衛隊を実質的な軍隊であると思っているのかいないのか。思っていてもそれを言わない……。つまり、日本を覆っている欺瞞の上にあぐらをかいている一人であることの意識は持っていないと思います。

中曽根康弘と三島由紀夫の主張

最近101歳で亡くなった中曽根康弘氏の若い頃の国会質問（1952年1月30日の衆議院予算委員会）を紹介します（『戦後日本防衛問題資料集』大嶽秀夫編　三一書房　1991）。

この時の中曽根氏は30歳を少し過ぎたくらいではなかったでしょうか。時の吉田首相に堂々と自説を述べています。

「質問：現在の警察予備隊も憲法違反の疑いがある。さらに、今後出てくる防衛隊なるものは、さらに大きな憲法違反の疑いがありはしないか。いわんやこの五六〇億という経費がこれから支出されて、厖大な金が出てくるということになれば、これは軍に接近し、……憲法違反と考えて差し支えないと思う。私は警察予備隊を視察しましたが、警察予備隊には高射砲中隊というのがある。……予備隊の編成をみても、軍の編成で出来ております。……あらゆる点を考えてみると、実質は軍以上のものがある。いかにこれは軍隊でないと言っても、法衣の袖からよろいが出てきている」

中曽根氏はこうした認識に立っていたこともあり、一貫して憲法改正を唱えています。憲法改正が無理だったからでしょうか、「自衛隊は憲法違反だ」と首相時代はおそらく一度も言っていなかったでしょうが。

同年3月6日の参議院予算委員会で、岡本愛祐（緑風会）の「憲法九条は自衛のためにも戦力をもつことを禁じておると訂正されたものと了解いたしますが、果たしてさようでありますか」という質問に対して、吉田首相は「ご意見の通りであります」と答えています。

また、同年7月24日の参議院内閣委員会での保安庁法の審議では、改進党の三好始議員が質しています。「現にライフル銃に始まって、重機関銃、バズーカ砲、迫撃砲等を多数持ち、更にこれ以上の戦車、航空機等の装備を急ぎつつある部隊の意図が、治安を乱すところの一部国民を目標にしているとは到底考えられないのでありまして……（大橋国務大臣が、憲法の解釈論として、外敵対抗の意図をもつ部隊を持つことは違憲であると認めたことは）予備隊、保安隊等も違憲であることを自認したものといわざるをえない」と。

そう言えば、作家の三島由紀夫は早くから自衛隊は憲法違反であると断言していました。その想いが募ってでしょう、自衛隊の市谷駐屯地で政治家の虚言で宙ぶらりんになっている自衛隊員に向かって「おまえら、それでいいのか！」と檄をとばし、割腹自殺を遂げています。その檄文には「法理論的には、自衛隊は違憲であることは明白であり……」と書かれていました。彼は東大法学部出の秀才でしたから。

自衛隊は立派な軍隊

朝雲新聞社から『自衛隊装備年鑑』が出ています。それを見ると、あの装備から「自衛隊は戦力ではない」とか「自衛隊は軍隊ではない」とは誰も言えないはずです。その実態からして、これは明らかに憲法違反です。

この『年鑑』には装備を写したカラーページがたくさんあり、その下にあるキャプションがまたふるっているのです。それらを紹介します。

・米海兵隊のMV―22オスプレイの発着艦訓練に臨む海上自衛隊「しもきた」

2013・6・14 米、サンディエゴ沖（実働訓練 アイアン・フィスト）

アメリカの西海岸まで行って訓練に参加しているのです。「自衛」隊がなぜアメリカまで行く必要があるのか。

・米軍の統合実働訓練「トーン・フリッツ」に陸海空三自衛隊が初めて参加

これも同じ。

・「いずも」新型護衛艦

自衛隊は攻撃型の船である航空母艦は持つことが禁じられているので護衛艦としているのであって、写真で見る限りその全体像は明らかに空母そのものです。護衛を本当の任務とするならもっと別な設計であるはず、と素人目にも思えるものです。

・88式地対艦誘導弾の後継となる12式地対艦誘導弾 上陸をもくろむ敵艦船を撃破する

この現代にあって、他国に「上陸をもくろむ」ような外国軍隊がどこにあるのか。それも島国の日本に対して。誇大妄想に等しいものです。

・LCACから揚陸する陸自の82式指揮通信車

通信車の方はどうでもよく、問題はLCACの方。LCACは1級エア・クッション型揚陸艇のことで、水陸両用のホバークラフト。揚陸艇から直接海上に出て水上を航行し、目的の海浜から陸地に上がってそのまま陸上を走行できる優れものです。写真のキャプションでは「侵攻対処の際の車両揚陸で、LCACが担う役割は大きい」とあります。これは島嶼をイメージした文言です。ではその佐渡、対馬、壱岐など、今までにこれらの島が防衛上緊迫した対象地域になったということは聞きません。尖閣諸島などはケシ粒みたいなもので、到底車両などは上陸できません。むしろこれは、他国を侵攻する時に能力を発揮するものです。自国を守るのにどうして必要なのでしょうか。

・敵戦闘機への対空戦闘用、島嶼に迫る敵艦船への対艦攻撃、上陸した敵への対地射爆撃までをカバーするマルチロール機F－2戦闘機

ここには、勇ましい戦闘場面が目に浮かびます。外交交渉により平和裡にことを解決するという憲法の精神とはかけ離れた姿です。「上陸した敵への……」。いったいどこに敵が「上陸」するのか。つまり、防衛省は憲法の精神などかなぐり捨てて、憲法の制約ギリギリのところでいかに戦闘的に有効であるべきかを常々追求しているのでしょうが、見たところ憲法の制約など優に超えています。

・陸自の主力90式戦車・敵車両にとって最大の脅威となるAH－64D戦闘ヘリコプター・99式自走155㎜榴弾砲の射撃・車載の79式対舟艇対戦車誘導弾の射撃を行なう89式装甲戦車

戦車は急峻な山や森や崖は走行できない。70％近くが山林の日本にあって、平地はどこも畑か田んぼか住宅地。いくら防衛と言っても、そんなところを自衛隊の90式戦車が走行して、しかもドンパチされたのではたまったものではありません。それこそ平和を守ることとは全くかけ離れた状況が出現することになります。中国やソ連の戦車が本当に日本に上陸するとでも思っているとしたら、相当の夢想家です。1台10億円もするものを80台も抱えているとは。

かつて東京新聞にこのあたりのことが詳しく載っています（2014年12月23日付）。防衛省

が２０１５年に購入するのは、１機１４４億円の早期警戒機「Ｅ２Ｄ」、同１４２億円の滞空型無人機「グローバルホーク」、同92億円の垂直離着陸輸送機「オスプレイ」の３機種。ほかに２０１３年に購入した水陸両用車「ＡＡＶ７」は１両12億円とも。価格や納入期限はアメリカの言いなりで、代金を支払ったものの武器が届いていないことによる未清算額は５３２億円もあるようです。

それでもアメリカの武器をどの国も求めるのは性能が格段にいいからだそうで、アメリカがこれまでに何度も他国を攻撃してきているのは、それが自国の〝新しい武器の展示場〟となるからだ、と。

「軍」と「産」の癒着

ところで、自衛隊が創設された頃は「戦車」の「戦」を避けて「特車」と称していましたが、いつのまにか戦車と呼ぶようになりました。国民の目をごまかしつつ事を進める好例と捉えてほしいものです。

次に、自衛隊装備と関連企業の結びつきを同じ『年鑑』から拾ってみます。

［陸上自衛隊］

・弾薬
……旭精機、日本工機、ダイキン工業、小松製作所、旭化成、豊和工業
・75式自走155㎜榴弾砲
……日本製鋼所、三菱重工、小松製作所、大原鉄工所、ヤマハ発動機
・装甲車・弾薬車
……三菱重工、小松製作所、日本製鋼所、川崎重工
・車両
……日立製作所、トヨタ自動車、三菱自動車、いすゞ自動車、三菱ふそう、三菱重工、東邦車両、川崎重工
・ブルドーザー類
……石川島建機、川崎重工、新キャタピラー三菱、小松製作所
・地雷処理のほかに水際地雷敷設装置・レーダー類
……三菱電機ほか
〔海上自衛隊〕
・艦艇
……石川島播磨、三井玉野
・掃海艇

……住友重工浦賀、三菱長崎、日立舞鶴、川崎重工神戸、川崎造船、日本製鋼所鶴見、日立神奈川、ＵＳＣ京浜、ＪＭＵ横浜

・潜水艦
……三菱長崎、三菱神戸、川崎重工、川崎造船

［航空自衛隊］

・航空機
……ロッキード、アリソン、ゲイツ・リアージェット、ギャレット。国産は川崎重工、新明和工業、三菱重工

・ヘリコプター
……ロールスロイス、シコルスキー、国産は三菱重工、川崎重工

・戦闘機
……ボーイング、ロッキード、国産は三菱重工、川崎重工、富士重工。

ここから感じ取れることは、自衛隊装備と国内工作メーカーとの関係、つまり「軍」と「産」の癒着、いや軍というよりも自民党と軍事産業との癒着と言い換えた方がいいかも知れません。軍事産業界にとっては自民党の下での軍事的な対外緊張関係が持続された方が、自社への発注が確保されるわけですから。

アイゼンハワーの大統領退任演説が思い出されます。ラジオとテレビを通して国民に直接語りかけた長い演説ですが、演説とは聴衆を感動させるものでなければならないということを心得ているあたり、日本の政治家に真似できないところでしょう。

「軍産複合体による不当な影響力を排除すること」をまず訴えています。そして、暗にペンタゴンを想定して、「誤って与えられた権力の出現がもたらすかも知れない悲劇の可能性が存在しているから、この軍産複合体の影響力がアメリカの自由や民主主義的プロセスを危険にさらすことのないように努力しなければならない」とも。

興味深いのは、「昔の科学者は孤独な研究を基礎にしていたが、今の科学者は政府から金をもらってする大型の研究に代わってきていて、その政府から金をもらっての研究は、軍産複合体を強化することになる」と、批判的に述べていることです。半世紀以上昔の演説だというのに、内容は今日にも通じるものです。

会計検査院のチェックを

元自衛隊の階級で言えばトップだった人たちの書いた本『「国を守る」とはどういうことか』（森野軍事研究所編　TBSブリタニカ　2001）を手にして、「米をさしあげて機嫌をとる！　あられもない事例」という言葉を目にしました。おそらく北朝鮮に河野洋平氏が食糧援助をしたことを質したのだと思いますが、実際にどこの国が侵略してくるかも全く分からないにもかかわらず、アメリカのご機嫌をとってこれほどお金をかけた軍装備をしている日本こそ、「あられもない」姿ではないでしょうか。

考えてみてください。北朝鮮が韓国を飛び越えていかなる理由で日本を攻撃するのでしょうか。あるとすれば自国を常に敵視している在日米軍基地に対してでしょう。では中国は？となると、まず常識的に考えられる中国の当面の仮想敵はインドだと思います。今でも中印国境は少数民族問題をもからめて緊張状態にあります。つまり、インドにとっても中国が最大の仮想敵国なのです。もっとも、中国にとってはベトナムも仮想敵国かも知れません。力の差こそありますが。

そんな中国にはたしかに覇権主義的イメージが歴史的につきまとっています。１９５０年からのチベット侵攻、58年の金門島砲撃、59、62年の中印紛争、69年の中ソ紛争、79年のベトナムに仕掛けた中越戦争などが思い出されます。最近の南沙諸島での中国の動きもその一環かも知れません。だからと言って、日本本土を攻める要因はどこにもないと思います。どこか海上、仮に尖閣諸島で武力衝突が起こったとしても。

やはり、経済があらゆるものに優先するのではないでしょうか。中国の主要輸出先はアメリカ、香港、日本です。輸入先は日本とアメリカが主。工作機械や中間材料を日本から輸入しているということは、中国も今や加工貿易で成り立っているのでしょう。日米からの投資もかなりあるようですし。

何か危険な動きが中国にあるとすれば、人民解放軍の党を無視した独断専行でしょうか。党がうまく人民を抑え込むことができなくなり、溜まった国内の不満の目をそらすために軍が外部に敵を作るように動くとか。でも、高級官僚の汚職などを積極的に摘発している今の指導部にその心配はないと思います。

いずれにせよ、仮に中国と北朝鮮が何らかの形で日本を攻略しようとしたとして、自衛隊のこうした装備全てが本当に必要なものかどうか。そうではなく、日本も世間（他国）並みに通常の軍隊が持つべきものを揃えたということではないでしょうか。これでも「戦力は保持しない」（第9条）と言うとしたら、国民を欺くのも甚だしいと思います。

ふと思いついたのですが、この状態を会計検査院はどう見ているのでしょう。国のお金が適切に使われているかいないかをチェックする機関でしょうから、防衛省も当然チェックの対象になってしかるべきです。今までにそれといった動きがなかったことを考えると、自分たちが判断するには手に余ることだと、初めから任務放棄しているのかも知れません。税金を納めている国民としては、会計検査院を突き上げる必要があるのではないでしょうか。

本章末の一言

いくら「専守防衛」と言っても、この装備は憲法9条からあまりにも逸脱しています。

マスコミは政府要人が憲法を逸脱した発言をすれば、すぐにそれにつけ込んで批判をしますが、日本のこの現実すべてが憲法違反である事実にはあまり目を向けません。実は分かっていても国民の〝空気〟がそこにないとなれば、その空気に便乗してお茶を濁しているのです。1936（昭和11）年の二・二六事件が後を引いたものか、国の様相がだんだんと軍に傾いていることを知りつつ、批判の矛先を鈍らせて取り返しのつかない事態を招来した責任が戦前のマスコミにあったこと、言論統制がない今にしてなおそれと同じ轍を踏んでいるにもかかわらず、己のその姿に気づいていない……。

首相がマスコミのトップを招いて食事会を頻繁にしていることについて、首相をとやかく言うよりも、報道人の無節操ぶりは情けないと言わなければなりません。権力と一定の距離を置くからこそ客観報道が、そして厳しい政府批判ができるのではないでしょうか。

70数年後の私たちの子孫が「誰が見ても分かりそうなあの数々の兵器と馬鹿げた金の使い方を、よくも黙って認めていたとは！」と口にするであろうことは、容易に想像できます。

第4章　日本の中の異国 ― 在日米軍基地

レフ・トルストイ（ロシアの作家　1828〜1910）

戦争のあらゆる惨禍はしばらく措くとして、その最大の悪の一つは人間の心が歪められることである。軍隊が存在し、軍事費が支出される。それをなんとか説明しなければならない。合理的な説明は不可能なので、結局理性が歪められることになるのである。（『文読む月日』より）

1951年の講和条約締結以降、連合国軍に代わって米軍が日本に居座ることになります。いくら東西冷戦時代だと言っても、これほどの基地が何ゆえに必要なのか分かりかねますが、それが今なお存在しているのが現実です。ジェット戦闘機ならすぐに現場に到達できそうなこの小さな日本で。自衛隊駐屯地と合わせると、大袈裟に言えば蟻も入れないほどの密度で基地が点在しています（章末資料「在日米軍基地一覧」を参照）。

日米合同委員会

ところが、日米安全保障条約はもちろんのこと行政協定にも、どこに基地を置くかということについての文言は見当たりません。すると、どこで決めたかということになりますが、それは日米合同委員会なのです。しかも秘密会議ですから、どんな検討のもとに決まったかということも国民には知らされていません。日本の国土の中に治外法権の土地が虫食いのようにできているというのに、です。主権在民であれば、基地を一か所決めるにあたっても当然国民は知る権利があるばかりか、国会でその是非が議論されてしかるべきなのですが。

アメリカの要求どおりに少しずつ増やしていったようにも思われがちですが、実はそうではなく、占領下にあって旧日本軍が使用していたところを、そのまま転用したのが基本となっているようです。それに新たに追加した、と。

沖縄はアメリカの施政下でしたから、住民を南米に強制移住させてまでして土地を強奪し基地にしたようです。沖縄の基地で国有地だったところは33・4％だと言いますから、その強奪の程度が想像できます。

この日米合同委員会ですが、『週刊プレイボーイ』（2014年12月22日）に、鳩山友紀夫元首相と『日本はなぜ、「基地」と「原発」を止められないのか』（集英社　2014）の著者の矢部宏治氏との対談が載っていて、その主要なテーマが日米合同委員会です。鳩山氏は首相時代その存在を知らなかったと正直に告白しています。

日米で月に2度、米軍と外務省や法務省、財務省などのトップクラスの官僚たちが、政府の中の議論以上に密な議論をしていたということのようです。鳩山氏曰く、「物事が自分の思いどおりに進まないのは、自分の力不足かと思っていたらそうではなく、官僚たちが『米軍側との協議の結果』と言って、すべて跳ね返されたことによる」と。

占領以来続く在日米軍の特権、つまり、「米軍は日本の国土全体を自由に使えるという権利を行使するための協議機関なのだ」と、矢部氏は断定しています。そして鳩山氏が続けて、「つまり、日米合同委員会の決定事項が、憲法も含めた日本の法律よりも優先されるということですね」とおっしゃっています。

1955年だったでしょう。東京の西のはずれにある砂川町（現・立川市）で立川米軍基地のジェット滑走路拡張案が出されたことで、町民の間に反対運動が起こります。こうした米軍の拡張要求に対して特別調達庁東京調達局は、町民の意向を聞くでもなく有無も言わさず強制測量に乗り込んできたのです。今思えば、これも日米合同委員会の仕業かも知れません。反対運動が激しかったこともあって、14年後にアメリカが拡張を断念し、それを受けて日本政府が閣議で中止を確認するというプロセスです。政府の主体性などどこにもありません。

この時の反対運動で7人のデモ指導者が刑事特別法違反で逮捕されるのですが、当時の東京地裁の裁判長が伊達秋雄。判決で伊達裁判長は、安保条約がそもそも憲法違反だからと、この7人全員に無罪を言い渡します。いわゆる「伊達判決」です。

検察庁は東京高裁を飛び越して最高裁に跳躍上告をし、最高裁長官の田中耕太郎が「統治行為論」なるものを持ち出して全員に有罪判決を下しました。

統治行為とは、「統治の基本にかかわることで裁判所の審査権が例外的に及ばない行為」を言うらしいのですが、この裁判が行なわれる前に藤山愛一郎外務大臣に対し、駐日アメリカ大使のダグラス・マッカーサー二世が跳躍裁判を進言したことが今では分かっています。この駐日大使は、占領軍最高司令官のダグラス・マッカーサーの甥にあたる人だそうです。三権分立の原則はどうなったのでしょうか。田中は東京帝国大学法学部長をした人だというのにです。

それにしてもこの米軍基地ですが、地続きのヨーロッパならともかくとして、海に囲まれ、過去に外国から侵略を受けたことが皆無に近い日本に、地政学的に見てこれほどの防備がどうして必要なのかということです。

冷戦時代のソ連、つまりシベリアが目の前にあることを考えると、アメリカ防備の最前線基地という意味合いが最もこの姿を理解するのにふさわしいでしょう。

主な米軍基地は、第7艦隊空母ジョージ・ワシントンの母港である横須賀海軍施設、空母艦載機の本拠地である厚木航空施設、在日米軍司令部がある横田基地、ほかに空軍嘉手納基地、海兵隊岩国基地、陸軍キャンプ座間、沖縄読谷村にあるトリイステーションなど。アジアの広い地域での有事の際の重要拠点となっています。日本にとって、と言うより明らかにアメリカにとっての基地です。米軍からすれば地続きの韓国にあるよりも戦略上ずっと安全ですから。即戦力となる米兵の5万人弱とその家族を合わせると基地内に10万人近くいるようです。

韓国の国防事情

ついでに韓国の国防事情を見てみます。

日本よりもっと深刻です。2018年度の人口5182万人の国で、兵力は約68万3000人。うち陸軍56万人、海軍6万人、空軍6万3000人、予備役約310万人。在韓米軍約2万8000人。日本は人口1億2000万人で自衛隊員が25万人ですから、人口構成比では6倍以上です。国民の負担がそれだけ大きいわけです。

英国王立防衛・安全保障研究所は、軍事力で韓国を米中ロ仏英に次ぐ6番目に位置づけているようです。朝鮮戦争は、当時の国連軍と北朝鮮軍・中国軍の間では休戦協定が結ばれていますが、北と南の間は実は未だに戦争状態そのままというのが現実なのです。

韓国のこの軍事状況を見てどう思うかです。自衛隊は全体で約25万人ですから平和国家・日本の軍備がいかに少ないかと、自慢する人が少なからずいるのではないかと想像できます。しかし、そう考えるのではなく、中国や北朝鮮と向かい合っていて、朝鮮戦争を経験している韓国が、人口が日本の半分以下なのに兵隊および軍事費に2倍半もかけなければならないと、むしろ同情すべきではないかと思うのです。韓国は竹島問題でも分かるとおり、日本を半仮想敵国と考えているはずで、彼らにとって軍事的脅威は北と南にあるわけです。日本の自衛隊がこれほど全国規模に配備されていれば、韓国としてはそれだけでも軍備に余計な支出をすることになるでしょうから、韓国民に申し訳ないと思わなければいけません。

その韓国にも日米安保のような米韓相互防衛条約があります。日米安保と違って、韓国にもアメリカを守る義務があるようです。片や韓国が攻撃された場合は、アメリカ軍が自主的に動いていいことになっています。朝鮮戦争を経験していることによる取り決めでしょう。

これは韓国の朝鮮日報で報じられていたことなのですが、韓国政府が２００８年に行なった韓国陸軍士官学校新入生に対する意識調査では、韓国の敵対国家の第1位はアメリカであるという回答が寄せられ、一般の新兵に対する調査結果では75%が反米感情を表していた、と。

ちょっと信じ難いことですが、これは何を意味するのかです。アメリカは米国流民主主義を唯一の価値基準にしていますから、北の独裁国家はそれだけでその存在を認めるわけにはいかないという立場を、韓国に対しても事あるごとに主張しているのではないかと思うのです。つまり、韓国軍はアメリカに炊きつけられて、いや応なしに北と戦う態勢を取らざるをえない。しかし、韓国兵士の心の裡には、それでも同じ民族だという感情があると思います。韓国民の軍事費負担は、嫌でもアメリカの価値観に沿うものになっているわけですし。

２０１４年3月2日、北朝鮮は短距離弾道ミサイル「スカッドC」と見られる2発を日本海に発射しました。射程は約４９０㎞。米軍と韓国軍の24日間にわたる長期合同軍事訓練への対抗措置としてやったようです。何しろこの演習では韓国軍20万人が参加して、全国規模で上陸作戦もしたと言います。

マスコミの論調はおしなべて、「北は限られた資金、資材を軍事に投入するのではなく、周辺国との外交を通じた経済再建にまず取り組むべきだ」というものです。でも、これはいかにも綺麗事のように思えます。

ミサイル発射については日本政府も中国政府を通じて抗議したようですが、北朝鮮の鼻先でしている米韓合同軍事演習をやめさせることが先ではないでしょうか。明らかな挑発行為ですから、これは。米韓は自ら北との緊張関係を高めさせているのであって、その挑発性は北のするミサイル発射と同じことでしょう。

トルーマン・ドクトリン

朝鮮半島に話が向いてしまいましたが、在日米軍基地に話を戻します。

第2章でも触れましたが、やはりトルーマン・ドクトリンが大きく影響しているということです。1947年3月に、モンロー宣言以来の孤立主義から世界の紛争に積極的に介入することを議会への特別教書演説のなかで宣言したわけで、これは自由主義陣営と共産主義陣営とに世界を軍事的に二分する端緒となった教書だからです。

独裁国家と民主主義国家を対比させているあたりなど、今なら誰が読んでも頷ける内容です。ただ、「トルーマン・レトリック」という言葉があるように、トルーマンのブレインが世界の民主主義陣営に向けて、最高の文章を練り上げたものであることは想像できます。

当時はバルカン半島諸国がソ連の影響で次々と共産化し、最後に内戦状態のギリシャとトルコが残ったところにアメリカが軍事介入を宣言したことになります。これこそがアメリカが世界の紛争に介入する端緒と言えるでしょう。

当時の左翼系の人たちは、ソ連の社会主義社会を人間平等の理想の姿と思っていたので、それが強力な権力構造を伴っているという本当の実態を知ることなく「わが祖国ソヴィエト」とソ連を礼賛していましたし、戦時中の反ファシズム人民戦線との関連もあるのでしょうか、フランスの知性を代表するロマン・ロランやジャン・ポール・サルトルも、ソ連を擁護していました。

ただ、第2章で触れたように、このドクトリンが反共の対立軸を鮮明にしたために、マッカーシー議員による良心的知識人への弾圧がその後激しさを増し、それがトルーマン・ドクトリンの印象を悪くしたようです。そして、在日米軍基地がどんどん強化されていくのも、トルーマン・ドクトリンに基づいていたと思います。

在日米軍の犯罪

ここで、在日米軍基地で起きた事件について触れてみたいと思います。その件数のあまりにも多いこと！　射殺、射傷、輪禍、強盗、傷害、婦女暴行、爆発、薬禍、虐殺……。70余年に及ぶ米軍基地の存在が本当に日本の平和に貢献していたのかどうか、疑わしいかぎりです。

2010年4月、3人の米兵に沖縄の少女がレイプされた事件がありました。沖縄県民9万人の大抗議集会は、今も私たちの記憶に残っていると思います。

この事件は沖縄の日本復帰後のことですが、復帰前は無法地帯のようだったと言います。日本の、ではなく沖縄の警察に彼らを逮捕する権限がなかったことにもよるのでしょう。

沖縄選出の赤嶺政賢衆議院議員の要求で防衛省が提出した資料によると、旧安保条約が発効した1952年から2010年までの58年間に日本全体での米軍関係者による事件・事故の総数は20万8029件。うち公務中に起こしたのは4万8504件、公務外が15万9525件です。これによる日本人の死者は、公務中の場合が520人、公務外が568人です。ただ、この数字には沖縄の本土復帰前の数字は含まれていません。1972年の返還後だけを調べてみますと、全国で発生した7万7866件中、4万5810件が沖縄県でした。

1972年の復帰以降2009年までの米兵の犯罪検挙数が5634件で、そのうちの562件が強姦など凶悪犯罪だとされます。たしか復帰にあたっての密約で、第一次裁判権を日本は放棄したのではなかったかと思いますが……。

本土で起こった犯罪で有名なのは1957年のジラード事件。群馬県の相馬が原演習場でジラードという二等兵が土地の婦人を射殺したのです。

そこの土地の人は普段立ち入り禁止の演習地内に入って、落ちている弾頭薬きょうを拾って金属商に売って生活の足しにしていたようです。この二等兵が「ママサンダイジョウビ　タクサン　ブラス　ステイ」と婦人を誘い入れておいて、まるで獣を殺すように撃ち殺したそうです。米軍は賠償金こそ払ったようですが、当のジラードは軽い執行猶予付きの判決で、そのまま本国に帰っていきました。

日米安保の地位協定第17条の裁判権に関しては、起訴前の身柄を警察は拘束できないことになっています。この時は一応身柄を日本に引き渡したのですが、軽く済ませるような密約があったとされます。

琉球新報（2009年5月16日付）の報道では、2001年から2008年までの公務外の米兵の犯罪不起訴率は83％だそうです。2008年だけを見ると95％だと。米兵犯罪には、日本の裁判所はどうも弱腰のようです。もっと裁判権の移譲を主張すればいいのにと思いますが。

それにしてもこの裁判権にかかわる日米地位協定ですが、その肝心の第17条を読んでみても理解するのが困難です。12項目にもわたっていろいろの場面を想定した言い回しの文章が書かれているのですが、全くもってチンプンカンプン。文字の林の中に分け入って日米間の地位の矛盾点を探し出すなど、普通の人にはおそらく無理だと思います。

在日米軍基地の実態を掘り下げていくと、まだまだ大きな問題があることに気づかされます。とりわけ、治外法権の問題が大きいと思います。米軍関係者と名乗れば入管手続きなどなく、フリーで日本への出入りができるのです。つまり、米軍基地に直接アメリカから軍用機で来れば身柄の検査を受けることなく入国できるわけですから。ＣＩＡの諜報部員にとってはこんな有難いことはありません。例えば、東京のど真ん中の青山公園に隣接する赤坂プレスセンターに3万1670㎢のヘリポートがあって、アメリカの要人が空からフリーパス入国というわけです。

いくら同盟国だからといっても、独立した国家を考えると、「それはないでしょう」と言いたいところですが。対外防備は固めても、アメリカに対して国境は無いに等しく、スカスカというのが現実です。

日本の空を支配する在日米軍

さらに問題なのは、日米間に「日本国は、(略)所在地のいかんを問わず合衆国の財産について、捜索、差し押さえ、または検証を行なう権利を行使しない」(「日米行政協定第17条を改正する議定書に関する合意された公式議事録 1953年9月29日」)という文書が取り交わされていることです。

例えば、米軍機が墜落したとすると、その破片が散らばっている場所は全て米軍の治外法権エリアになるという意味です。ですから、治外法権エリアは日本の国土のどこにでも出現する可能性があると考えたら間違いありません。

そして2020年現在、動かし難い治外法権エリアである米軍基地面積は78施設、6万31 76㎢。これにさらに自衛隊との共用施設が加わるのでしょう。1960年以前はこれの4倍にあたる面積の基地があったようです。

これを日本国内の米軍全基地面積の70％を占める沖縄について見ると、沖縄本島面積の15％（東京23区のうち13区を覆う）を占めていることになります。さらに沖縄の水域で米軍管理下の面積は5万4938㎢（2018年現在）で九州の面積の1・3倍、空域は9万5416㎢で北海道の面積の1・1倍にもなるのです。

そのことに関して言えば、こんな指摘がありました。『だれが日本の領土を守るのか』（濱口和之著　たちばな出版　2012）のなかで著者が書いているのですが、要旨は、「沖縄に在日米軍基地が七五パーセントあるというのは間違い。これは米軍が単独で使用している基地・施設のこと。自衛隊が一緒に使用している三沢、厚木、岩国、座間基地などが含まれていない。これらの基地を加えると沖縄県は二五パーセント程度でしかない」と。

著者は、それだけたくさんの米軍基地があると言っているようでもあり、「75％などと同情するようなことを言うな、沖縄は25％に過ぎない」と、視点をずらす変な理屈を述べているようにもとれますし……。

いずれにせよ、それは地上でのことで、空となるとおそらく日本国土の100％が米軍使用区域のはずです。つまり、日本の上空はアメリカの航空路が優先で、日本の飛行機はそれを避けて低空飛行しなければならないのです。成田を飛び立った飛行機が時間をかけて何やら遠回りをするのも、そういう空の制約があるからです。

そのことをもう少し詳しく言いますと、「横田エリア」という米軍専用の空域があるためです。北は新潟から東は栃木、西は群馬、長野、埼玉、東京、山梨、神奈川、静岡の1都8県にまたがる広大な区域です。高度は約7000mで、この空域は米軍の許可がなければ民間航空機は入れないことになっています。「政府の許可」ではなく、「米軍の許可」ですから、何とも考えさせられます。

沖縄の空では、米軍の飛行機はどこも自由に飛べるのですが、米軍キャンプの上空だけは避けるようです。米軍住宅に落ちた時のことを考えてのことでしょう。一方、日本の民間機は飛行範囲を制約されたなかで、なおかつ300mの低空飛行を強いられているのです。沖縄県民の住宅には飛行機が落ちてもかまわない、という理屈が成り立ちます。

そんなことを目の当たりにしても、日本の政治家は屈辱感を持たないようです。常日頃、「国民はもっと日本という国家を意識すべき」と言うくせに、実際は彼らがいちばん骨抜きにされた人間と言えるのではないでしょうか。

アメリカン・コンプレックス

どうも幕末のペリー来航以来、日本人はアメリカにコンプレックスを抱いていたからか、真珠湾攻撃の時の知識人の多くが、〈来るべきものが来た。パッと世界が明るくなった〉と本当に思ったようです。

高村光太郎にこんな詩があります。

記憶せよ、十二月八日。
この日世界の歴史あらたまる。
アングロサクソンの主権、
この東亜の陸と海とに否定さる。
否定するものは彼等のジャパン

（『大東亜写真戦記』第一輯　大本営陸軍報道部・監修　1943）


あの『智恵子抄』を詠った人が、です。

戦後すぐの朝日新聞朝刊にチック・ヤングが描いた「ブロンディ」という漫画が連載されていて、何段にもなった分厚いサンドイッチを食べる場面がよく出てきます、空腹のわれわれにこれ見よがしに。それに電気掃除機もしばしば登場します。つまり、日本人のアメリカ・コンプレックスから自国固有の生活歯車の速度を見失って、金、金、金とアメリカに追いつけ追い越せでここまで来たということです。

どうやら、このアメリカ・コンプレックスの裏返しなのか最近とみに耳にするのが「日米同盟」という用語です。日米安保条約には、この「同盟」という言葉はどこにもありません。「自国の憲法上の規定及び手続きに従って共通の危険に対処するように行動することを宣言する」とあるだけです。

いつの頃か、自衛隊がそれこそＰＫＯのように海外にも足を伸ばすようになったことからでしょう。政府が胸を張って同盟々々と言い出すようになりました。私には、短身の日本が爪先立ちして長身のアメリカと肩を並べるごとく、コンプレックスの裏返しとしての意識がその言葉にそのまま出ているように思えてなりません。

もっとも、インターネットで調べたところ、２００５年10月29日の外務省の文書に、「日米同盟：未来のための変革と再編」（仮訳）と題して、ライス国務長官・ラムズフェルド国防長官および町村信孝外務大臣・大野功統防衛庁長官が署名している文書を見つけましたから、既定の事実ということでしょうか。

日本のための米軍基地？

ところで、日本にとって米軍基地が何ゆえ必要なのかという、外敵に対する抑止力については常に強調されますが、一方のアメリカにとって日本の基地がいかに有効であるかについても、きちんと確認しておく必要があると思います。

異様なものとしてすぐに目につくのは海兵隊の存在です。海兵隊はあくまでも攻撃の部隊だからです。日本防衛に必要とは思われないのになぜに、です。現に問題になっているオスプレイは、海兵隊の中核をなしているというではありませんか。他国での戦闘を主眼に開発されたものでしょう。

仮に米軍基地を容認したとしても、本来、平和外交を旨とする日本にとって、海兵隊の存在は世界に与える印象としてはマイナスでしょう。しかも、はっきりしていることは、沖縄の米軍基地の中心は海兵隊の基地だということです。アジア地域全体に睨みを効かせるには、米軍にとって沖縄は地理的に最高の場所に違いありません。日本防衛とは無関係というわけです。

海兵隊は当然、水陸両用の戦闘部隊です。そして、読谷村のトリイステーションに配備されているのは、ベトナム戦争の時に名を馳せたグリーンベレー部隊。特殊作戦、つまりスパイ、諜報活動、拉致、暗殺などを任務と言われています。そして、本州の西端の山口県岩国基地は海兵隊でも航空隊です。

一方、本州東端の青森県の米軍三沢基地には、F16攻撃機を主力とする第35戦闘航空団とスパイ衛星を使った情報収集部隊があります。F16攻撃機はアフガンとイラク戦争への出撃を繰り返していましたから、日本は憲法で戦闘行為を禁止していたとしても、基地を貸すことで間接的に他国を攻撃していることになります。1999年1月に岩手県釜石市に墜落したF16攻撃機は、まさしく敵のレーダーをかいくぐって対地爆撃をするために低空飛行訓練をしていて起こった事故です。

この三沢基地には、アメリカ本土を攻撃する弾道ミサイルを探知するレーダーが配備されています。「日本を攻撃する」ではなく「アメリカ本土を」ですから何とも考えさせられます。

西と東があるのですから、当然真ん中も……。

横田基地が首都東京にあります。西太平洋唯一の米軍輸送航空団の基地で、湾岸戦争の時は1万5000名以上の米兵がイラクに向かったそうです。日本に飛来する外来米軍機の中継基地にもなっていますが、もう一つの顔は在日米軍の司令部があることです。

横田基地とは別に、空母艦載機による夜間飛行訓練で問題となっている厚木基地があります。

首都圏で言えば、他に横須賀の米海軍基地があります。「核は一切持ち込まない」と佐藤栄作首相が言っていたのに、いつの間にか原子力空母ジョージ・ワシントンの母港になっています。


以上、在日米軍基地を俯瞰すると、いずれもアメリカ本国にとってもっとも都合の良い布陣ということが分かります。外敵からの抑止としてとか言っていますが、誰が見ても分かるように紛争地域に出向いていく〝世界の警察官〟アメリカの前線基地だということです。アメリカ自身が播いた種を刈り取るためというか、『戦争中毒』（ジョエル・アンドレアス　合同出版　2020）患者のアメリカを日本が国を挙げて応援しているという構図が浮かびます。

米軍への「思いやり予算」

ところで、海兵隊のグアム移転の話は記憶に新しいと思います。グアムに西太平洋の一大拠点を作るというものですが、その経費の6割を日本政府が負担し、移転と引き換えに、これも日本政府の負担で海上航空基地を新たに作るというものです。辺野古基地問題は、まさにそれで、海兵隊がどうあれ、常についてまわるのが日本の経費負担です。日本国民とりわけ日本の政治家が、こうした事実に屈辱感を持たないということが不思議でなりません。

経費負担と言えば、その最たるものが例の「思いやり予算」です。金丸信防衛庁長官が1978年に組み入れた何とも鷹揚と言うか卑屈と言うか、余計なお金のことです。日米地位協定に基づいて防衛省予算に計上されている在日米軍駐留経費負担のことで、主に基地で働く日本人従業員の給与を日本が肩代わりするというものです。

当時は円高ドル安という状況でしたから、それなりの政府判断があったのでしょうが、当初の62億円がどんどん増えて、2014年には1848億円にまでなっています。円安だというこのご時世に、です。在日駐留アメリカ兵1人当たりにして1400万円とか言いますから、よくもまあ国民の税金をジャブジャブ使うものだ、と。

怒りはともかく、頭を冷やして考えてみましょう。米軍基地に関して日本政府は国民の税金を湯水のごとく使っていますが、その「費用対効果」を考えて、はたして釣り合いがとれているのかどうか、と。過去に米軍駐留がそれにかかる費用に値するだけの基地の効用を本当に発揮したのかどうか、その確かな証明がどこにもないまま、この70年近く土地と特権と金を「アメリカのために」与え続けてきたということです。

翻《ひるがえ》ってみて、日米安保と米軍基地は、あくまでもアメリカによるソ連封じ込めの一環としてあったものです。イデオロギーとしてのソ連封じ込めはともかくとして、ソ連と日本との間に何か緊張関係があったかと言えば、せいぜい北洋漁業の問題くらいです。実際は米ソの緊張関係に日本が利用されていたということです。

「ダレスの恫喝」をご存知でしょうか。

１９５６年の鳩山一郎内閣が進めてきた日ソ交渉で重光葵外相が歯舞・色丹の2島返還で平和条約締結の直前まで来ていたのに、アメリカのダレス国務長官が「それはサンフランシスコ条約違反だ。4島返還でなければ沖縄は永久に返さない」と日本にねじ込んだ、というものです。

北方領土問題が解決せず、日ソ間の緊張関係が存続することこそがアメリカの戦略に叶っているからであって、日本にとって当時のソ連が軍事的に脅威であったことは一度もなかったはずです。基地の存在が意味を持つに足る「ソ連の脅威」の事実があったのなら、具体的に挙げてもらいたいものです。例えば、ソ連が北海道に攻め入るとか。１９８０年10月2日付の読売新聞で、大賀良平元海上幕僚長は、「ソ連の北海道侵攻論はフィクションと考えている」と述べていましたし。

こうして見てくると、アメリカにとっては当時も今も〝世界の警察官〟として、日本の基地は地の利が良いことこの上なしということです。しかも、今は〝思いやり〟までしてもらっているので、世界がどう変わろうが到底手放す気になれないはずです。

朝鮮半島有事のことを想定してみます。アメリカ西海岸からだと空路16時間はかかるし、ハワイからでも11時間。それが沖縄からだと2時間です。海兵隊の一部がグアムに移転したとして、グアムからだと5時間ほど。フィリピンの米軍基地が縮小されたことで、その重要性はもっと増しているはずです。

何とも空しい日本

正直なところ、米軍基地問題を多方面からいろいろ論じてきましたが、何とも空しい感情に襲われます。国防問題から距離をおいて米軍基地を眺めた時など、清国時代から大戦終結までの中国の姿とどこかダブルような感じがしてくるからでしょうか。

その頃の中国には99か年の租借地がありました。ロシア、ドイツ、フランス、イギリス、ポルトガルなどが〝国の中の国〟の権利を持っていたのです。最近まであったのが九龍半島の香港です。ほかに租界というのもありました。こちらはイギリス、ドイツ、ロシア、フランス、日本、イタリアなどが中国の都市の一部に自分たち専用の生活地域を設けたものです。全て弱体した中国政府に帝国主義列強が強引に認めさせた結果できた、ほかの国には見られない異物です。

在日米軍基地を見ていると、この租借地と租界がダブってイメージされてきます。日本国内に虫食い状態に異国の治外法権地域が存在しているわけですから。そして、当時の中国政府と同じく、強国にシッポを振る主体性のない日本政府があります。国民もまた当たり前のような顔をして、その状況を見ています。作家・魯迅の描く中国人とさして変わらないのが今の日本人……。

古くなりますが、２０１０年5月に、毎日新聞と琉球新報が沖縄県民を対象に行なったアンケート結果によれば、海兵隊の駐留については、「必要ない」が71％、「必要だ」は15％。在日米軍基地の約74％が沖縄に集中していることに関しては、「整理縮小すべきだ」が50％、「撤去すべきだ」が41％でした。日本駐留を定めた日米安保条約については、「平和友好条約に改めるべきだ」が55％、「廃棄すべきだ」14％、それに対して「維持すべきだ」は7％に過ぎませんでした。つまり、在日米軍基地の縮小と撤去を合わせると91％になるのです。

日本の平均からすれば沖縄県民の所得水準は低いはずです。基地があることでやっと生計を立てている人がかなりの数いることを思うと、この数値は沖縄の人たちの潔い決断だと受け取るべきでしょう。

安全保障と言えば、もっぱら国益という観点からその是非が論じられてきましたけれど、日本国憲法の立脚点である主権在民から見た場合、「安全」を「保障」するはずの米軍基地が、主権者である私たち、とりわけ沖縄県民の生活をどれほど蝕んできたかが分かります。

沖縄の歴史を振り返ってみましょう。琉球王朝の過去数百年、この島には軍隊どころか武器そのものがなかったそうです。代わりに琉球拳法が発達したのでしょうが、琉球島民の心が穏やかだったことが窺われます。中国大陸や薩摩藩と文字どおりの平和外交をしてきたのです。

その沖縄の島が先の大戦で戦場になり、今また暴力の象徴である米軍の基地で土地を奪われているのです。辺野古基地建設反対運動は、今や沖縄県民にとって沖縄米軍基地全面撤去の一里塚だと考えるべきでしょう。そうだとすれば一方の本島民の真価もまた問われることになります。声に出す人は少ないかも知れませんが、おそらく世界中の良心がこの沖縄の闘いを見守っていると思います。

本章末の一言

日本の右翼諸派の皆さん!

あなたたちは中国、ロシア、北朝鮮、そして日本の左翼を攻撃するに特化した団体になりさがってはいないでしょうか。あなたたちが国粋主義者を標榜するのであれば、まずもって在日米軍基地撤去をこそ主張するのが本道でしょう。

資料・オリバー・ストーン監督の沖縄・辺野古移設反対抗議集会へのメッセージ「怪物と闘って」

5月17日の抗議行動にあたり、私は皆さんに対し敬意を抱き、支持を表明する。私はそこに一緒にいることはできないが、気持ちで参加している。あなたたちの運動は正当なものだ。「抑止力」の名の下に建つ巨大な基地は一つのうそだ。アメリカ帝国が世界中を支配する目標を進めるのはもう一つのうそだ。この怪物と闘ってくれ。世界中であなたたちのように、あらゆる分野で闘っている人たちがいる。それは平和と、良識と、美しい世界を守るための闘いなのだ。（2015年5月18日付 東京新聞より）

資料・在日米軍基地一覧（2015年3月31日現在）

・北海道

キャンプ千歳、千歳演習場、別海矢臼別大演習場、上富良野中演習場、鹿追然別中演習場など（米軍専用はキャンプ千歳のみ） 18施設 34万4566㎢

・東北地方

三沢飛行場、岩手山中演習場、大和王城寺原大演習場など12施設　１０２万３３１１㎡

・東京・北関東

硫黄島通信所、横田飛行場、相模原演習場、高田関山演習場など15施設　41万１２８１ｋ㎡

・南関東地域

横須賀海軍施設、上瀬谷通信施設、池子住宅地区および官軍補助施設、厚木海軍飛行場、富士演習場など18施設　１５５万９６０１㎡

・中部・北陸・近畿・中国地方

今津饗庭野中演習場、川上弾薬庫、岩国飛行場、日本原中演習場など15施設　60万６４１㎡

・九州

板付飛行場、佐世保海軍施設、日出生台・十文字原演習場、大矢野原・霧島演習場など21施設　91万２８３１㎡

・沖縄

北部演習場、伊江島補助飛行場、キャンプ・シュワブ、キャンプ・ハンセン、嘉手納弾薬庫地区、嘉手納飛行場、キャンプ瑞慶覧、普天間飛行場など33施設　２３１万７６１１㎡

第5章　市民にとって戦争とは何か

住井すゑ（作家　1902〜1997）
人間は、なぜ人間を信じないのか。軍備は人間どうしの不信にはじまる。ゆるしがたい罪悪だ。そんな軍備を必要とする〝国家〟とは、いったい、どういう集団なのだ。（『牛久沼のほとり』より）

「国防」とは、戦争とセットに語られて初めて意味を持ちます。

世界中には今なお宗教および民族間の対立、国境をめぐる紛争、テロリストによる殺戮が次から次に生まれているのが現実です。本章ではその戦争の本質について考えてみることにします。

まず問題としたいのは、これからの時代、国が国に対してあからさまな戦争を仕掛けるということが、はたしてあるのかないのか、ということです。

自衛を口実にした戦争

1914年6月28日に、セルビアの一人の青年によるオーストリア皇太子暗殺が、瞬く間にヨーロッパ中の、いや世界中の国を巻き込む戦争にまでなってしまいましたが、あの時は帝国主義列強の思惑が見事に一発の銃声に反応したということです。

その意味で考えれば、今日、国と国とのいわゆる宣戦布告による戦争は起こらないかも知れません。しかし、地域紛争は当分なくならないということでしょう。湾岸戦争に見られるように、国家が石油などの利権に何らかのかたちで関わるようなことになれば、紛争を収めるという理由の下にいろいろな国が紛争に関与する事態は、まだいくらでも起こり得ると思われます。卑近な例として、総理大臣の頭の中を覗いてみます。「石油エネルギーが途絶えれば国として破綻寸前に追い込まれるのだから、石油確保のためのホルムズ海峡の機雷除去は自衛の一環だ」と。つまり、そこで交戦の事態が起こった時に、自衛戦争だと正当化することになると思います。

第2章で紹介した吉田茂の第9条の提案理由をもう一度引用します。

「戦争放棄に関する本案の規定は、直接的には自衛権を否定してはおりませんが、第九条第二項において、一切の軍備と国の交戦権を認めない結果、自衛権の発動としての戦争も、又交戦権も放棄したものであります。従来近年の戦争は多く自衛権の名において戦われたものであります。満州事変しかり太平洋戦争またしかりであります。故にわが国においては、如何なる名義をもってしても交戦権は第一に、自らすすんで放棄する。放棄することによって、全世界の平和の確立の基礎を成す、全世界の平和愛好国の先頭に立って、世界の平和確立に貢献する決意をまずこの憲法において表明したいと思うのであります」。さらに、「自衛権による戦争、また侵略による交戦権、この二つに分ける区別そのことが有害無益なりと私は言ったつもりでおります」と。

どうでしょう。今どき右左を問わずここまで言う国会議員はいるでしょうか。

元防衛大臣の森本敏氏は「第九条一項の〈国際紛争〉というのは、自国が国際紛争に直接関与した時にこれを解決する手段としての武力行使、武力による威嚇はしないという意味であって、自国が直接関与していない国際紛争を解決するため、例えば集団安全保障に参加して武力の行使をして解決することまで放棄しているわけではない」（『国防軍とはなにか』森本敏・石破茂・西修著　幻冬社　2013）と言っていますが、こちらはどうも文言の解釈をしているだけというか、詭弁ともとれる言い方です。それと比べれば、吉田氏はすっきりと原理的にものを言っています。

安倍元首相は「国民の生命と財産を守るため」というフレーズをよく口にしましたが、戦前の政治家の言う「満州は日本の生命線」と同じく極めて空疎なものに思えるのです。国と国とが一戦を交えたなら、国として勝つか負けるかが大事であって、そのためにあらゆる手段を講じるように政治家も軍関係者も動くことになります。国民の生命も財産も実はずっと後方に追いやられるのが常なのです。戦争とはそういうものだと考えた方がいいと思います。

国体護持のために

アメリカのB25爆撃機による最初の空爆が早くも1942年4月に本土の6か所の都市（東京、川崎、横須賀、名古屋、四日市、神戸）に同時にあったのですが、本来なら、「これでは国民の生命も財産も守れない」と思うのが普通でしょう。実際は逆で、強制疎開と言って、類焼を防ぐために一定地域の家を財産権など何のその、文字どおり軒並み壊すし、逃げれば助かるのに猛火の中を市民にバケツで消火にあたらせるなど、ムチャクチャなことを強いたわけです。生命財産より国の威信の方が優先するからでしょう。

1945年3月10日の東京大空襲の焼け跡を、18日に昭和天皇がかなり詳しく視察していました。軍服姿に軍刀を腰に下げて歩いている姿が映像に残っています。心のなかでどう思っていたかは別として、本人は統帥権を持つ大元帥ですから、もし本当に民に心を寄せていたのなら、その惨状を見てただちに停戦を指示してもよいわけです。その一方で、広島と長崎に原爆が投下されて以降も、なお敗戦の決断ができないでいる哀れな日本の指導部の姿があります。

実は、そうした決断ができないのが戦争というものです。国の威信というか面子、そして己の保身が優先されるからでしょう。

もっとも、日本人のする戦争がそうなのかも知れません。歴史家の加藤陽子氏が書いていました。日本人にはリアリズムがない、と。精神主義でまとまる民族だから、〝空気〟を共有してそこに安住するわけです。

「現実はこうだから」などと言えば、悲観主義と受け取られるのがオチです。御前会議の終戦を決める時の陸相と海相のやりとりも、それに近いものだったのでしょう。

昭和天皇のことでもう一つ。ポツダム宣言が伝えられた時に、近衛文麿が戦争終結を上奏します。それに対して、天皇は「もう一撃」を主張したと言います。ポツダム宣言をすぐに受諾していたなら、原爆投下もソ連参戦もなかったわけで、当然ながら北方領土問題も発生しないことになります。これが事実だとすると、昭和天皇の責任は重大です。当時、天皇は44歳という立派な大人でしたから。

休戦ならともかく敗戦となれば国体、つまり万世一系の天皇を頂点とした日本固有の国の形「国体」が守られないことになりますから、国の指導者は誰もが優柔不断になっていたことは、十分察せられます。

戦争はなくならないのか

では、昔の話はともかく、今後も戦争はなくならないのかどうか。

残念ながら、今の体制のままのアメリカが存続する限り、なくならないということのようです。

やや誇張した言い方になりますが、アメリカは戦争で生活している国だからです。アメリカの官僚のほとんどは、後か先に軍事関連産業の役員に納まっています。世界最強の企業である航空機メーカーのロッキード・マーチンやボーイング、それに軍需産業メーカーのレイセオンなどの。日本人におなじみの幕末に黒船で来たペリー提督の子孫であるウイリアム・ペリー国防長官はボーイング社の重役に納まりましたし、占領軍を代表するリッジウェイ将軍やダグラス・マッカーサーも兵器産業の会長や重役になっています。おそらく、今もそれに近いのではないかと思います。

このところアメリカはすごい財政赤字ですから、軍事費を減らしていく方向に来てはいますが、それは主に人件費のようです。世界のはずれの局地紛争では古い弾薬や兵器で用は足りますから、彼らはいわば在庫整理のような戦争をするはずです。そして同時に、相手の国を威嚇するための最新兵器をこれからも開発し、地域紛争現場をあたかも展示場のように利用して、それを売り込むことも容易に想像できます。

そして、アメリカがいちばん気にしているのが他国の核の存在です。今ただちに核戦争が起きるというのではなく、アメリカに敵対する国が核兵器を使うかどうかということです。別な言い方をすれば、「核を使うぞ」とちらつかせて、アメリカのグローバリズムに従わない国が存在すること、それ自体がアメリカにとって許せないのでしょう。何しろ、明らかに核弾頭を保有している国が9か国、核弾頭の合計数が約1万3400発（2020年現在）もあると言いますから。

前にも触れましたが、あのアイゼンハワーの大統領退任時の有名な警告が思い出されます。「われわれは産軍共同体が不当な影響力を持つことに警戒しなければならない。不当な力が拡大する悲劇の危険性は現在存在し、将来も存在するであろう。産軍共同体が自由と民主的動向を危険にさらすようにさせてはならない」と。

どうもアイゼンハワーの警告は実を結んでいないようです。第1章で取り上げたテロリズムですが、そのタネは多分にアメリカが播いたものです。それに宗教と民族にかかわる不寛容な衝突もありますし、戦争つまり武力衝突は当分この世界からはなくならないのかも知れません。

そうだとしても、私たちが人間の心を信じるとしたら、手探りしてでも世界に不戦のメッセージを送り続けるべきでしょう。「憲法第9条にノーベル平和賞を！」と市民の有志の間から声が上がっていますが、回りくどくないもっと平易な文章で、9条の条文を文字の読める世界中の人々に配りたいものです。

澤地久枝氏や大江健三郎氏たちの呼びかけで日本中にたくさんの「九条の会」があります。ご存知と思いますが、あの元になったのはオハイオ大学名誉教授のチャールズ・オーバービー氏が1991年にアメリカで立ち上げた「九条の会」です。朝鮮戦争の時のパイロットで、広島を訪れて自分の考えが変わったと言います。

近代の戦争を見てみると

この章は戦争の本質を確認するはずだったのに、現実認識が先に来てしまいました。近代の戦争を初めから見てみることにします。

20世紀に入って最初の近代的大規模な戦争は、日露戦争と言われています。世界史的に概観すれば、それまでにも国同士がさまざまな戦争をしてきたわけですが、最初の近代戦として日本の名前が出てくるというのが、名誉というか不名誉というか……。

ロシア帝国がシベリアに軍隊を派遣して悲願の太平洋沿岸に達したのが1638年です。そのロシア帝国のその後の動きを『世界史年表』で見てみると、その対外的な力の誇示がよく分かります。

ペルシャ進出（1722）、フィンランド占領（1742）、ポーランド分割（1772）、クリミア併合（1783）、トルコとの戦争（1787〜91）、スウェーデンとの戦争（1788〜90）、グルジア併合（1801）、イランとの戦争（1804〜13、1826〜28）、アフガニスタンの一部を占領（1876）、クリミア戦争（1853〜56）、再度トルコと戦争（1877〜78）、満州を軍事占領（1900）。

ですから、清国への干渉戦争で利の味をしめ、朝鮮そして満州（中国東北部）に支配を及ぼそうとする新興国日本にしてみると、ロシアの南下政策とぶつかることは必然だったということです。

必然と言うか、日本国民はそのつもりでいたフシがあります。日露戦争勃発の2年前の1902年に、すでに大阪の大幸薬品株式会社が「ラッパのマークの胃腸薬」（進軍ラッパの絵柄を使った）で知られる「征露丸」を製造販売しています。難敵の細菌をロシアに見立てたのか、よく効く胃腸薬を携帯してロシアを征伐しようとしたものか、とにかく、こうした商品が生まれておかしくない時代情況だったのでしょう。さすがに国際平和に反すると考えてか、太平洋戦争後まもなく名前をご存じ「正露丸」に改めていますが。

この日露戦争に関しては、『日露戦争　上・下』（旧参謀本部編　1994）が詳細な記録を残しています。その一つ、南山の戦闘場面。「第一師団はあくまで攻撃を続行せよとの命令を受け、午後三時三〇分、突撃を開始した。四列側面縦隊の隊形で出撃した歩兵第一連隊の約一小隊は、前進すること五、六〇メートルでほとんどがたおされ、わずか数名が鉄条網の近くまでたどりついたが、それもすべて戦死した。つづいて突進した約一中隊の第二次部隊も、すべて戦死……」。そして、「この戦闘に参加した日本軍の総数は三万六、四〇〇名、このうち将校以下四、三八七名が死傷している……」と。

新たにロシア軍が使いだした機関銃に対して、日本の兵隊は鉄兜もかぶらずに突進したのですから無理もない。文字どおり虫けらのような死に方です。

突撃の命令が下ると、兵隊は引き下がることができません。引き下がれば命令に反しての敵前逃亡ですから、その場で射殺されても文句は言えないのです。一人でも逃げれば、後にも続く兵が出て部隊が総崩れになりますから、仕方ないと言えば仕方ないのですが。

そんなふうにして死んでいった兵士は、世代で言えば私たちの祖父ないしは曾祖父にあたります。戦争は、兵士一人ひとりの先の人生など保障しないのです。

当時の兵隊は、国内の教育的水準で言えばかなり高い人たちでした。何しろ専門用語を使いこなせ、命令の意図をすぐさま理解して集団行動がとれなければなりませんし、新しい兵器の操作もできなければなりませんから。〝読み書きソロバン〟だけでは勤まりません。そんな前途有為な若者が虫けらのように死んでいくのです。もったいないと言うほかありません。

これはロシア兵にしても同じです。ロシア帝国の国家意志で戦場に駆り出され、何の憎しみを抱いていない日本兵に向かって銃弾を撃つのですから。将来を約束されていいはずの青年が国家の名のもとに命を落とすほど理不尽なことはありません。

実際は、突撃した日本兵とトーチカ（コンクリートでできた小さな要塞）に立てこもっていたロシア兵による白兵戦でした。銃の先に短剣をつけた銃剣で互いに殺しあうのです。本当は何の憎しみもない相手でも、自分が殺されるかも知れないのでそうするしかありません。それが戦争です。

太平洋戦争は違った意味でまたすごい。

1977年に当時の厚生省が発表した数字ですが、開戦から終戦までの4年間での日本人全体の戦死者は約310万人、そのうち戦没した軍人は230万人です。ただし、その60％の140万人は餓死者だと。もちろん、戦地でマラリアなどに罹って死んだ人も入ると思いますが。

戦争のこの苛酷さを国民の想念から払拭させるのが、「愛する国のため」「家族を敵から守る」に象徴される国民共通の意思ということになります。国民国家の一員であってみれば、国境で守られたわが祖国があってこそ先祖そして今の家族の平穏な生活が保たれてきたのですから、非常時にはその祖国を守るのは国民の義務という考えが湧き出てくるのは自然だと思います。

たしかに、ナチス・ドイツ軍の進入にパリやワルシャワの市民が徹底抗戦したり、スターリングラードでのソヴィエト赤軍が5か月も抵抗してドイツ軍を降伏させたりした史実を思うと、外敵に立ち向かう非常時の市民や兵士の闘う姿は感動的というにふさわしいものです。

「非常時」という言葉

では、国民をそこまで奮い立たせるものは何かということです。一言で言えば「非常時」です。福島原発事故ならば、誰が見ても非常事態は明々白々ですが、国際関係に関わることで一般国民が非常時を感得することはまずできません。すると、それは時の政府の情報を基に国民が判断することになります。たいていの場合、判断ではなく、そのような気持ちにさせられるのだと思います。そうした情報はマスコミによって何度も何度も垂れ流されるでしょうから、ついには国民がマインドコントロールみたいな状態になっても不思議はありません。勇ましいことを言って国民を鼓舞する知識人が必ず現れるでしょうし。

昭和初期に言われた「満州は日本の生命線」をプロパガンダにしたのも、国際連盟の勧告に逆らってでも農村の次男や三男による満蒙開拓を死守したいがためのことでしょう。さらに、ABCD（アメリカ、イギリス、中国、オランダ）経済包囲網という扇動によって、「非常時」がますます現実のものであるかのように煽られていったわけです。

でもそんななかで当時、東洋経済新報社の主筆だった石橋湛山（岸信介の前の首相）は

1921年にすでに「大日本主義の幻想」という論文を書き、それ以降、一貫して日本は植民地を経営するだけの力はないから満州、朝鮮、台湾など全ての植民地を放棄すべきと、「小日本主義」を説いています。

ですから、当時であっても絶対これしかないというのではなく、そうしたもう一方の判断の余地を残した状況で対米戦争に突入するのです。つまり、これは明確にもう一方の道を選択した国家意志ということになります。もちろん、その国家意志なるものが形成されるためには、大政翼賛会のように議会を一つに束ねるとか言論統制を厳しくするとか、不穏分子を徹底的に弾圧するとかの前段階があるわけですが。

国民にその判断が委ねられていないとすれば、その国家意志なるものは時の政府および財界が作り上げたものということになります。そこに軍部が結びつくことになるのでしょう。植民地経営で利益を上げている財閥の意向を受けて軍部がアジア支配に乗り出すわけですから。

占領下、マッカーサーが最初に手がけたのが日本の財閥解体です。日本の軍国主義を育てたのが財閥だと睨んだのだと思います。

濡れ手にアワのような侵略戦争を続けてきた日本の指導部は、本来自覚していなければならない〝費用対効果〟の意識などどこかに置き忘れてしまったというか、軍人はそもそもそんな感覚を持ち合わせていない集団ですから、あくまでも「進め！　進め！」となるわけです。非常時を口実に政府に要求すれば、金はいくらでも軍に優先的に流れるようになっていましたし。

中国、韓国との関係で、首相の靖国神社参拝が常に問題になります。中国や韓国は自国民が殺されたのですから、殺した大本の人間が祀られていて、そこに日本国の総理大臣が頭を下げるなど許すわけにいかないわけで、全く当然の話です。

戦没者遺族の方たちの靖国神社へのお参りは別として、一国の総理の参拝について私はもう一つ別の見方を持っています。それは必ずしも中国や韓国の人の気持ちになって……というのではなく、です。

実際の戦闘で死んだ将兵のほかに、作戦の失敗でジャングルのなかで餓死した将兵も祀られているわけです。そうした死者を顕彰するその扱いをどうこう言うのではなく、これほどの将兵を死に追いやった張本人である政治家、軍上層部、作戦を指揮した高級将校、そして軍隊という内部暴力組織……。そうしたものの戦争責任を全てチャラにする〝都合のよい装置〟が靖国神社だと思っています。

現代の戦争はどうか

さて、話を現代の戦争に移します。

戦争そのものの形態が70年前と現在ではまるで違います。何しろ今は無人機を飛ばして爆撃する時代なので。

別な見方では、戦争は壮大な環境破壊ということになります。

アメリカのベトナム戦争で行なったナパーム弾の投下と枯葉剤作戦。中東での劣化ウラン弾の使用。それに、メソポタミア文明遺跡の残る都市の公然たる破壊。古い文明や文化を持たない、たかだか４００年程度の歴史しかない新興国アメリカだから、平気でそんなことができるのでしょうか？

兵士の肉体的精神的消耗をなくすところから新しい兵器がどんどん開発されて、無人機やロボットが攻撃に使われるようになると、ボタン一つで建物を破壊でき、攻撃される側の人の命に対する感覚は極端に薄れてきます。もっとも、その極端な事例が75年前の広島・長崎に落とされた原爆です。アメリカにとっては沖縄戦のような兵士の消耗は避けられましたから。原爆投下機エノラ・ゲイ号の飛行士には、高熱と放射能の下でのたうちまわっている人のことなど眼中になかったでしょう。

ピンポイントで標的に砲弾を撃ち込むことができるようになった今日、人を殺すことへの心の傷みはなくて済みます。それでも、砲弾は関係のない市民や子どもたちを殺傷します。それが分かっているからでしょうか、イラク戦争でもアフガン戦争でも、アメリカの帰還兵の中に

心的傷害で自殺する人が多数出ているということです

イラク戦争帰還兵200万人のうちの50万人が心的外傷性ストレス障害（PTSD）などの精神的障害を負い、そのうち毎年数百人が自殺していると言われています。あまり表沙汰になっていないようですが、2004年から2006年にイラクに派遣された陸上自衛隊員が20人以上自殺している、とも。

アフガンに国際治安支援部隊として派遣されたドイツ人の場合、その数千人が心的外傷性ストレス障害に苦しんでいるとの報告もあります。

戦争が常に〝正義〟に裏打ちされてなされている（と兵士本人が思っている）のならば、そのような心的傷害が彼を蝕むことはなかったでしょう。テロリストの影に怯えて民間人を殺傷してきたことへのツケがそんな形で現れたに違いありません。

戦争というものを考えた時、そこには常に「国民の意識というか感情を有無も言わさず一つにさせる」ものがあるということです。

仮に尖閣諸島の近くで中国軍と自衛隊が戦闘を始めたとしましょう。「やれやれ、負けるな、もっとやれ！」となるのではないでしょうか。当然、相手の中国でも国民感情は盛り上がるでしょう。軍人は本来身を引くことを潔しとしない集団ですし、政府首脳部も自国民から〝弱腰〟と思われたくないので強気の姿勢を変えるようなことはしないでしょう。戦闘がエスカレートするわけです。

「在留邦人が危険にさらされた場合」?

「自らすすんで戦闘行為はしない、あくまでも自衛に徹する」と言いつつ、「在留邦人が危険にさらされた場合」とか、「平和が著しく脅かされた場合」には自衛として交戦することはあり得ると考えているのではないでしょうか。その場合、ご自身は横に置いておいて。

そういう政治家は気づいていないのかも知れませんが、この「在留邦人保護」はいつの時代にも軍隊が出動する時の口実になっていたということを。

それはともかく、そういう事態が出現したとして、ではその邦人はどのような形で在留していたかということが問われることになります。

イラクで一時身柄が拘束されたことがある民間イラク支援団体の高遠菜穂子さんの講演を水戸市で聴いたことがあります。

もともとイラク人は日本人に対して、(高遠さんの表現を借りると)「むちゃくちゃ親近感を持っていた」ようです。それが、日本がアメリカのイラク攻撃に加担するようになってから、日本人に対する感情が変わってきた、と。「日本人の死体が星条旗の上に寝かされていた」とも。

つまり、在留邦人がその国で何をしてきたか、恨みを買うようなことをしてきたかどうかがまず問われるでしょう。本人が仮に商社マンだとすれば、フレンドリーに付き合うのでなければ商談は成立しません。そうだとすれば、日本国政府の姿勢がその国の国民にどのように映るかが問題になるのだと思います。在留邦人を守るために自衛隊を出すのではなく、在留邦人がその国で胸を張って仕事ができるような国の対応があれば、それが邦人を守ることになるのです。政府・自民党の考えは、というより防衛族議員の考えは原因と結果の意味を取り違えていると思います。

「平和が著しく脅かされる事態」？

それではもう一つ、「平和が著しく脅かされる事態」はどうでしょうか。政府が言うのは、領海外の広い範囲のことだと思います。「平和」などという抽象的な言葉でその気にさせるつもりでしょうが、それはお門違いというものでしょう。平和は人びとが平安に暮らすことに尽きる言葉だからです。

彼らの本音とは、「自国の経済的利益が著しく脅かされる事態」のことに違いありません。例えば、ホルムズ海峡で日本のタンカーが通行できなくなったとか、マラッカ海峡がどうのとか。たしかに石油が途絶えれば、日常生活に少なからぬ支障をきたすでしょうが、だからと言って、それがただちに「平和が脅かされたから戦闘行為に出るのだ」ということにはならないでしょう。憲法9条の精神からしても。

いや、今の政府というか政治家の多くは石油が途絶えれば「北海道の人は凍死するぞ」と脅して戦うつもりでいるようです。

ですから、ここの認識が肝腎なのです。NHKの日曜討論を聴いた感じでは。

「金を払うから石油をよこせ」という権利が日本にあるのかどうか。あくまでも、「わが国には石油がないので、これこれの条件で石油を売ってください」という立場でしかないはずです。

つまり、第三国が原因で石油が途絶える事態になったとしたら、ここはひとまず静観するしかないでしょう。第三国との戦闘の影響が本来関係ないA国に及ばないとも限りませんから。

そうは言っても、よく使われる「平和が著しく脅かされる」との言葉には残念ながら国民をそんな気にさせるに十分な力があります。

よく政府要人が言います。日本の石油タンカーとの関連で、自衛隊がホルムズ海峡での機雷撤去を米軍の下でした時に、それが戦闘行為につながる場合のことだと思いますが。

しかし、そうした事態は現実問題としてあり得ないことなのです。ホルムズ海峡はいちばん狭いところで幅33kmだそうです。公海はなく、イランとオマーンで海域を分け合っています。

しかも、潮の流れの速い場所で、機雷など敷設するのは難しいらしいですし、仮にイランが機雷を敷設したとしても、タンカーの航行路は一般にオマーン領内で最狭でも15kmの幅があるので心配ないわけです。それに、日本以上に中国、インドのタンカーも航行していますし。

「国民の生命と財産を守るために」？

次に、かつて安倍元首相がよく口にしていた「国民の生命と財産を守るためやむなくする戦闘行為」はどうでしょうか。

明治維新を経て、日本もイギリスやフランスと同じ国民国家になりました。そこでは国を預かる政府は国民の生命と財産を守る義務があるわけです。外敵によって国民の生命や財産が脅かされそうになれば、それを跳ね返さなければなりませんから、当然、そのための軍隊が必要になります。そこで軍隊が力を発揮するのは侵略してきた国との戦闘と、後は国境紛争ということになります。第６章でも取り上げることですが、それがただちに「国民の生命と財産を守る」ことに結びつくのかどうかです。拉致とか不法入国とか言うのでしたら、それは警察が当たることでしょう。軍隊が関与するのは、あくまでも国と国との間の、俗な言葉で言えば「突っ張りあい」だと思うのです。

北支、つまり中国北部に日本軍が一方的に進軍したのを、中華民国政府の軍隊が迎え撃つ。中華民国政府にとって、これは明確な「国民の生命と財産を守る」ための戦いでしょう。中国本土に侵攻した日本軍は食糧を現地調達するでしょうし、道路ばかりでなく森や畑の中もお構いなしに進軍するでしょう。現地住民が「うちの畑に入るのはやめてくれ！」などと抵抗すれば、おそらくすぐに殺されるに決まっていますから。

だいぶ昔のことですが、光文社のカッパブックスシリーズの『三光』（神吉晴夫編　1957）という本を読んだ記憶があります。日本軍が中国で行なった「殺し尽くす、奪い尽くす、焼き尽くす」行為を、中国では「三光」と言ったようです。これが本当にあったのかどうかは議論のあるところですが、そうした場面が想定されるのであれば、中華民国政府の「国民の生命と財産を守る」は説得力を持つと思います。国際紛争ならぬ一方的な侵略を受けたわけですから。

以上の事実はむしろ例外に過ぎず、大方の戦争つまり国際紛争においての「国民の生命と財産を守る」は、一見聞こえは良いとしても全くの虚言だと私は断言できます。

どちらの国が正しいかの判断は措くとして、戦争はそもそも「自衛」の名の下にする国同士の意地の突っ張りあいに過ぎないのです。どちらの国の国民も、そんな国自体の欲得で副次的に生命と財産が危険にさらされるのです。それに、1945年8月9日未明にソ連軍が満州に侵攻した時、国境を守るべき関東軍はそのことを事前に察知していて、軍関係の家族を先に避難させ、しかも、関東軍自体も現地居留民を置き去りにしたまま朝鮮に撤退しました。当然に残された居留民は混乱を極め、そこからさまざまな悲劇が生まれます。戦争にあっては、国民が常に後方に置き去りにされる明らかな例です。もっとも、その時に関東軍が駐留したままだったら、ソ連軍との間に戦闘があって住民を巻き添えにした、もっと悲惨な状況になっていたかも知れないという別の解釈もあるでしょうが。

私が見た資料では、戦争による民間人の被害は、第一次世界大戦までは全体の5％程度だったようです。想像するに、その頃は国境を挟む原野あたりが戦場になっていたのでしょう。それが第二次世界大戦では48％と跳ね上がり、朝鮮戦争では84％、ベトナム戦争になると95％にもなります。ベトナムはジャングルが多いのに……と思いますが、今までにない殺傷力の強い兵器や爆弾が雨アラレと使われたからでしょう。

いったん戦争が始まれば、負け戦でも国民の手前、簡単に「はい止めます」とは言えないでしょう。それに、植民地獲得ならともかく、今は〝費用対効果〟において全く割に合わないものが戦争です。もちろん軍需産業界は別としてですが。仮に尖閣諸島問題で戦闘が起こったとして、それがどうして「国民の生命と財産を守る」ことにつながりますか。尖閣諸島は国の領土。国の領土は国民の財産……。でも、「国民の生命」とは直接関係ありません。こうした耳ざわりの良い言葉で、国民をその気にさせるのが軍事力を外交手段に使いたい人たちの手法なのです。

憎悪の連鎖を断つ

先述した通り、シリアのＩＳに湯浅遥菜さんと後藤健二さんが捕えられました。その事実を知りつつ安倍首相はイスラエルの国旗を背景に演説したり、ＩＳと戦う周辺国に約2億ドルの支援を約束したりしています。戦争をする口実のためになら、後藤さんたちの救出をその手段に使うでしょうが、今はその時期でないとすれば、彼らを見殺しにしてでも国際舞台での格好の良い振る舞いの方を優先するのです。為政者が口にする「国民の生命と財産を守る」などの言葉は、その程度のものと考えた方がいいでしょう。

そのＩＳには旧ソ連やアメリカが在庫品を中東諸国に横流ししたことで、彼らテロリストの手に武器が渡っているに違いありません。そもそも彼らにそれを生産するだけの力はありませんから。つまり、アメリカは中東での戦争介入によって自ら首を絞めていることになります。テロリズムはこれまでは「見えない敵」だったのに、ＩＳは公然とその正体を現していますし、何しろ国境という概念を取り払っていますから、彼らの行動を戦争と定義づけることはできません。ＩＳへの志願者が世界各地から名乗りをあげているとすれば、彼らに共通しているものはアメリカおよびその息のかかった国に対する「燃えるような憎悪」でしょう。彼らが人間の命をあれだけ簡単にもてあそぶことができるのは、それしか考えられません。

遺伝学で言うところの突然変異に相当します。これまでに、戦争を「国の平和」云々のレベルでもてあそんできて、人が人を殺すこと、子どもや女性など非戦闘員がいつも巻き添えになること、自然や文化遺跡が簡単に破壊されることなど、そうした戦争本来の罪悪に対してどこの国も真面目に取り組んでこなかったツケが、あの非道な行為を当たり前とするＩＳを産んだのです。

　サイバー攻撃やテロなど不確実な外国の脅威との関係で言えば、機密保護はこれからどこの国でもますます厳しくなるでしょう。もっとも、機密ですから何が機密かわれわれには分かりません。それより、インターネットで情報は飛び交いますから、双方の政府も神経を使うことになります。

　むしろ、アメリカ国家安全保障局職員だったエドワード・スノーデン氏に倣って、双方の国の平和を願う人たちが、自国の機密情報を暴露し合うことで戦争を止めるように動くかも知れません。そして、憎しみの連鎖を断つには、日本の憲法9条の理念を世界各国が外交において実践することだと思います。

章末の一言

　日本にはたくさんの平和記念館があります。広島平和記念資料館、予科練平和記念館、満蒙開拓平和記念館等々。なぜ「戦争記念館」と表示しないのでしょうか。反省の意思の下に戦争ときちんと向き合うことを回避して、互いの傷口を舐め合っているように思えるのですが。

第6章 仮想敵国と「侵略」を考える

バートランド・ラッセル（イギリスの哲学者　1872〜1970）

あらゆる国家がその強さを増大させるとすれば、力の均衡に変化は起こらず、したがってどの国も、勝利する確率が以前より多くなるわけではない。しかも攻撃の手段がさまざまに存在する場合には、その初めの目的が防御的なものであったとしても、当の手段を使いたくなる誘惑は、早かれ遅かれ圧倒的なものとなりがちである。（『社会改造の諸原理』より）

ふとヨーロッパ諸国の国防を考えてみたのですが、ヨーロッパにはＮＡＴＯがあります。いわゆる北大西洋条約機構です。ソ連が崩壊するまでは、東欧諸国に対しての存在意義がありましたが、今や旧敵国ロシアをも参加させるＮＡＴＯ・ロシア理事会が２００２年に設立され、ロシアを加えたＮＡＴＯ20か国体制が発足しています。すると、ＮＡＴＯ軍は一体何のために必要とするのかということです。西ヨーロッパのかつての国境はＥＵが生まれてほとんど意味をなさなくなりましたし。

ヨーロッパやアメリカの仮想敵国

２つの世界大戦を経験したヨーロッパ諸国にとって、ＥＵは単に経済の問題ばかりではなく戦争回避の意味も十分にあったことでしょう。スイスは、軍隊廃止の国民投票をしたようですが、結果は、やはり軍隊堅持です。軍隊があること、すなわち国の存在理由ということなのでしょうか。

ドイツの軍隊はもはやヨーロッパでは力を発揮する必要はなく、むしろイラクに派兵したりしています。今も米軍基地があるドイツとしてはアメリカと歩調を合わせる必要があったのでしょう。

イギリスとアルゼンチンの間で戦われたフォークランド紛争に象徴されるように、ヨーロッパ諸国は今なお自国から遠く離れたところに植民地を持っていますから、軍隊はそこの統治で威力を発揮するという……。

一方、アメリカは〝世界の警察官〟と言われています。彼らのグローバリズム、つまり文字どおりの世界自由主義経済からすると、いろいろな意味で孤立的な国家、権力者がのさばっていてアメリカ資本が自由にその国で立ち振る舞えない国、はっきり言えばアメリカ資本に敵対する国家は認めがたいことになり、しばしばこの〝警察官〟が顔を出すことになります。

さて、そこでいわゆる仮想敵国ですが、ヨーロッパの国々にとってはソ連崩壊で仮想敵国はなくなっているわけです。クリミア問題や旧ユーゴスラビアの民族問題はありますが、それが自国に降りかかってくるわけではないからです。

一方のアメリカはたくさんの仮想敵国を抱えています。最大のソ連はなくなりましたが、いわゆる〝ならずもの国家〟と一方的に呼称している北朝鮮、シリア、イラン、それに今は違うのかも知れませんが、キューバ、リビア、イラク。それと国家ではなくイスラム原理主義とでも言えるＩＳが……。

仮想敵というのは、どうかすると交戦することになるかも知れない相手国というか、表向きは、自国からは攻めないが攻めてくる可能性がある国、ということになります。

これは忘れられているのでしょうが、実は日本は戦後75年経った今なお、旧連合国つまり現在の国連が敵国条項で定めている仮想敵国なのです。日本が軍国主義を復活させ、外国侵略に乗り出したら、国連加盟国はいつでも自由に日本を攻撃してもよいことになっているのです。平和国家のような顔をしていても当時の同盟国から見れば仮想敵国なのです。

北朝鮮の核開発もアメリカの容認しがたい事案ではあります。とは言え、北の大陸間弾道ミサイルや核開発は、いわばアメリカやロシアなど軍事先進国の後を追いかけたものであって、アメリカ自身が自国の核をなくす、ないしは最小限まで減らす努力をしない限り、北を批判する資格はないと思います。

政治体制の違う小国からすれば大国それ自体が脅威でしょうし、それがさらに核を持っているとなると、小国が大国に外交上対等に渡り合えるのは自国で核を持つしかないという気持ちになるわけで、むしろ大国の姿勢の方に問題があると捉えた方がいいのかも知れません。

日本にとっての仮想敵国

では、日本にとっての仮想敵国ですが、日本は国是として自ら交戦しないと決めているとすると、攻撃してくる、あるいは侵略してくる可能性がある国が日本にとっての仮想敵国ということになります。

日本は国境で他国と接しているわけではないので、接点があるとすれば海域です。かつてはソ連による日本漁船の拿捕が問題になりましたが、平和裡に外交で解決してきました。

韓国との間には以前は李承晩ライン、今は竹島問題があります。中国とは目下のところ尖閣諸島問題。いわば海域紛争でしょう。尖閣諸島問題は後の章で取り上げるとして、どうやら拉致問題を含めて北朝鮮がいちばんの仮想敵国のようです。

政府の本音にはイランも入っているかも知れません。集団的自衛権の議論を見ると、どうもそんな感じがします。つまり、石油を中東に依存しているし、ホルムズ海峡はイランの海域を含んでいる、と。しかし、それでは石油を日本に売ってくれているイランに対して、失礼も甚だしいということになります。

現に、弾道弾ミサイルの発射や拉致問題などで、北朝鮮が侵略者の汚名を着せられているように思えます。

北朝鮮の拉致行為ですが、相手国に潜入する工作員を養成するために金日成時代に息子の金正日が主に指揮したようで、ものの本によれば拉致被害者は14か国20万人に達しているとか。それが事実だとすると、通常の理解を超えているとしか思えません。独裁国家の笑うに笑えない〝茶番劇〟であることは確かです。ただ、第1章ですでに述べましたが、拉致被害者の帰還こそ未解決ですが、拉致そのものはすでに過去のことです。

問題は北によるミサイル発射実験。私たちはこれをどう捉えたらよいのか、です。2019年だけで12回もありました。

9年前の2010年11月23日に延坪島事件が起きています。

韓国領の海域で韓国海軍が実弾演習をしているところに、北の砲弾が数十発打ち込まれたのですが、その時の北朝鮮軍の砲弾は相当の精度で着弾したとのことです。米韓軍事演習を北朝鮮は南の挑発行為と受け取ったのでしょう。事前に演習の中止を韓国政府に通告していたようですから。
ですから、弾道ミサイルが仮に日本に向けられるとしたら確かに脅威です。ただ、これらのミサイルは全てアメリカ向けの威嚇であることは間違いありません。もっとも、万一、日本の54基ある原発のいくつかが同時に狙われでもしたら、破壊された原発2、3か所での放射能漏れを防ぐ……それだけで手一杯、防戦どころではありません。

問題は、そんな危なっかしい北朝鮮の金王朝をどう受け止めたらよいか。別の言い方をすれば、そのような北と私たちはどう向き合えばいいのか、ということです。

金将軍様崇拝を笑って済ますことは簡単ですが、私たちは市民の目というか相手の国情を複眼的に見る必要があると思います。

かつての天皇制日本は、ヒトラーのドイツとは違った「神がかった国家」として欧米諸国には映っていたに違いありません。何しろ小中学校には、天皇皇后両陛下の写真つまり御真影と、教育勅語を納めた特別の建物（奉安殿と言います）があって、登下校の際には生徒も教員も必ず奉安殿に向かって最敬礼したものです。

不敬罪というのもありました。天皇を迎えて整列している政府要人の一人が無意識に両腕を後ろで組んでいたのです。それが写真に写って、「あれは陛下に対して不敬である」と摘発を受けるほどでしたから。

治安維持法で思想統制が厳しかったことも考えると、今の北朝鮮と全く同じです。神格化においては天皇も金主席一族も同じです。もちろん、「日本の天皇は万世一系で金一族と一緒にするなどとんでもない！」と言う人はいるでしょうが。

あの独裁体制の中身を庶民の視点で想像してみます。原子力施設を見ても分かるように、おそらく資本主義国の科学技術はすぐにあの国にも伝わっています。パソコンやスマホがネパールやブータンの国民にたちどころに広まっているように、北朝鮮の国民にも上層部の人々の生活には浸透しているはずです。そうだとすると、政府がシャットアウトしても国民の間での国外情報の傍受はそれなりに可能だということでしょう。

金総書記に対するあの異常なまでの熱狂ぶりもまた、かつての日本国民の姿と同じです。天皇の姿を仰ぎ見ればそれだけで感激の極みでした。

作家の住井すゑさんが講演でこんなことを言っておられました。明治天皇がご自分の村（奈良県平野村）に行幸した時のこととして、村人たちが天皇の去った後、泊まった宿舎のトイレに殺到したというのです。天皇の排泄物をありがたがって持ち帰った、と。

敗戦の時、皇居前の地べたにひざまずいて涙にくれている映像を見た人は多いと思います。長年権力が植えつけた皇国思想に絡めとられてきたことの証拠でもあります。そんな人たちでも日常生活、家庭生活では理性のあるつつましい平和な市民なのです。北朝鮮の庶民も実はその程度のものかも知れません。最後は肉体の生理、つまり空腹をどう満たすかが、全てに優先するということではないでしょうか。

鬼のような憎き敵の捕虜になるくらいなら死を選ぶべきだ、という東条英機の「戦陣訓」を信じてきた日本兵が、捕虜になってアメリカ兵から温かいスープをもらった瞬間に、これまで頭にあったそうした観念がいつの間にか消えてしまったと言います。固定観念とはその程度だというか、人間の生理的要求が何ものにも勝るというか。

宗教観を別にすれば、どこの国でも庶民の感覚は共通していると考えておけばいいということになるでしょう。

日本を侵略する国はどこ?

国防上の戦略をどう考えるかは次の章で検討するとして、侵略そのものを定義すれば別の国に攻め入ってその土地に居座る、ないしはその土地の財産の一部を奪うことです。

では、肝心の日本の国土への他国の軍隊の侵略はこれまでの歴史のなかでいくつあったかです。

近いところでは沖縄戦ですが、あれは侵略ではなく、日米戦争の戦いの延長で沖縄が戦場になったにすぎません。あとは江戸末期の長州藩とイギリス・アメリカなど4か国軍艦との戦闘

（下関戦争）を別にすれば、この2000年の歴史のなかで日本本土が外国に攻められたのは、663年に朝鮮半島の白村江で倭国と百済連合軍が唐と新羅の連合軍に負けた時に北九州が一時占領されたのと、鎌倉時代の蒙古襲来（文永・弘安の役）だけです。日本列島の地理的特性と言えばいいでしょう。

尖閣諸島と竹島問題をひとまず横に置いて、これからどこかの国が日本本土に侵攻してその土地の一部に居座って住民に危害を加えたり住民の財産を奪ったりするということは、まず考えられないと思います。そのうえで、「国民の生命と財産」にかかわる事態が生じるとすれば、それは他国の核弾頭ミサイルが都市や原発めがけて撃ち込まれた時、ということになります。

では、北朝鮮が日本をミサイル攻撃するというのでしょうか。

旧ユーゴスラビア地域やウクライナのクリミア地域、それに中近東には歴史的な民族問題や宗教問題が絡む地域紛争の火種はあります。世界史的に見て民族問題と宗教問題は、国境や経済の問題が解決しても最後まで残るのかも知れません。

一方、日本と北朝鮮との間にそれに類するなにかギクシャクした問題があるのかどうか。あるとすれば、北朝鮮との戦後処理、つまり日朝平和条約が棚上げされたままだということだけです。しかも、朝鮮半島の38度線やクリミアのような歴史的に民族問題を抱えた地域ならいざ知らず、衆人環視というか国連環視のなかで、今どき日本に対してそんな大それたことができると思う方がどうかしています。北朝鮮系の人も日本にはたくさんいることですし。

とは言え、一般論としてどこかの軍隊が攻めてきたらどうすればいいかについてですが、その答えはハッキリ言って「逃げるが勝ち」です。

戦って人が死んだり家屋が破壊されたりするより、逃げれば被害がいちばん少なくてすみます。それに攻めてきた軍隊は無抵抗な環境に身をさらして、その後何をどうしようとするのでしょう。「攻めてきたら痛い目に遭わせてやる」（森本敏元防衛省長官）と、いわゆる抑止力の行使はかえって傷口を大きくすることになりませんか。

大陸なら、侵略した一地域を橋頭堡に、どんどん自国の軍隊を送り込んで支配の面的拡大をはかることも考えられますが、海を隔てた日本にそれは通用しません。

では、領海侵犯はどうでしょう。

南沙諸島での中国の動きを見ていると、むしろ領海をどの国が確保するかが重要なように見受けられます。

私にもそして市民の誰にも、当然ながらこうした外圧に軍事的に何をすべきかを語る資格はありません。あくまでも一市民としての考えを述べることになりますが、海上保安庁の巡視艇による領海侵犯への警告と、徹底した平和外交でしょう。なぜなら、国民の生命と財産に直接被害が及ばない状況でのことだからです。

私のこうした意見に対して当然ながら反論があることは予想されます。その一例を次に。

日本国憲法は現実性を欠いている？

「日本国憲法は現実主義を欠いている。政治道徳の観点から国家関係を捉えている。自分が善意でありさえすれば相手はこちらの善意を信用し、攻撃を加えるはずはなく、日本に不利になるような行動をとるはずはない、という戦略とは無関係の安全保障観が示されている。……軍事の裏づけを欠いた外交はありえない……。専守防衛は受動的な考え方。自ら能動的に働きかけることによって、自国に有利な状況を作り出そうとする態度とはほど遠い。情勢の変化をすばやく感知し、国民の安全を保障するために必要ならばあらゆる手段を講じる、という考え方ではない。……脅威が日本全土に直接およぶ以前に洋上で食い止めることが重要であり、抑止力としての海軍力の重要性および海上防衛力を基盤とした国家安全保障を構築することが必要と考えられる」（樋渡由美上智大学教授『専守防衛克服の戦略』ミネルヴァ書房　２０１２）

樋渡教授は、「同時多発テロの発生によって、テロとの戦い、〝ならずもの国家〟による大量破壊兵器の拡散やテロリストとの結託の可能性、中国の軍事力増強、中長期ロシアの動向など、冷戦期にくらべてきわめて不確定な要因を多く含む状況」と現実の世界を捉えています。

読んだ印象としては、失礼ながら何か日露戦争の時の日本海海戦を思わせる文章というか……。

国連加盟国は全部で193か国（2020年現在）あります。アジア、ヨーロッパや南米にも私たちがなじみの国がいくつもあります。そして、主要国会議だと20か国でしょう。それらのどの国でも構いませんが、アメリカとロシア（ソ連）、それに中国と北朝鮮はちょっと別に置いておいて、軍事を背景にちらつかせて外交交渉で成功した国とその事例は何か。また、政治道徳を堅持して外交を行ない失敗した事例がどこにあったのか。帝国主義時代はともかくとして、現代にあってそうした事例をこの著者は一つとして挙げていないのです。何でもいいから日本もアメリカ、ロシア、中国、北朝鮮と同じく軍事大国になればいいという著者のイデオロギーをそのまま文章にしたに過ぎず、学者としての論理展開としては実質証明を持たない実に空疎な書物だと断じます。

もう一つ、ベストセラーにもなった『悪の論理－ゲオポリティック（地政学）とは何か』（倉前盛通　日本工業新聞社　1977）も同じような論理展開です。

論旨を少し紹介します。

「悪の論理で国際政治を読み解き、分析行動する指導者が必要である。……外相時代の河野洋平は〝人道支援〟と称して、軍に横流しされるのがわかっている食糧を北の求めるままに援助した。……北朝鮮が日本にミサイル攻撃をする意図が察知されても、北朝鮮の基地を先制攻撃できないというのが、専守防衛の基本的考えである。攻撃は最大の防御、に反する」と。

この本が書かれた16年後の1993年に北朝鮮のノドンが日本海に撃ち込まれています。1998年にはテポドン1号が三陸沖に、2006年にはスカッド、ノドン、テポドン2号、ごく最近では2019年8月にも短距離弾道ミサイルが日本海に2弾……。すると倉前先生は非常に炯眼の人ということになります。

そこで現実問題です。それら北朝鮮のミサイル発射がアメリカを牽制する試射であったことは今では分かっていますが、これをその時点でうっかり日本への攻撃と捉えたらどうなるかということです。倉前説によれば専守防衛ではなく戦略防衛ですから、すぐさま反撃することになります。事はそれこそ収拾がつかない状況になるのではないでしょうか。一方、北のミサイル発射を日本への攻撃ではないと捉えたとしたら、大事には至りません。その判断は誰がどのようにするというのでしょう。

現実を考えてみると

いろいろな国防に関する文章に接していて、正直なところ、つくづく〝付き合いきれない〟との思いにかられることがあります。

アヘン戦争、黒船来航、帝国主義列強による植民地争奪時代ならともかく、現代において海を隔てた日本を直接攻撃する事態がどうして発生するのかということです。それと、その場合よく例に挙がるのが北朝鮮です。あと、中国も時々顔を覗かせます。ともかく世界中の国のうち、いったい日本を攻撃すると思われる国はいくつあるのでしょう。遠くのソマリアの海賊はどう見ても無関係でしょうから、仮に中国と北朝鮮に注意を払う必要があるのなら、その2つの国と丁寧に付き合えば済むことになりませんか。たった2か国です。その努力を怠って、莫大な国費を使い自衛隊を軍隊に仕立てて、全く意味のないことをしているのが現実です。

そうは言っても、一般には北のミサイルが撃ち込まれたらどうなるかとの思いは払拭されないようです。

では、北朝鮮がミサイルを日本本土に撃ち込む事態を考えてみます。

樋渡説が学説として普遍性というか原理性を持つとすれば、その説は日本だけでなくどこの国の外交にも当てはまるものでなければなりません。では、その学説を軍事国家である北朝鮮との関係で考えてみます。

北朝鮮がミサイル攻撃をしてくる事態とは、「軍事の裏づけ」を持っていたにもかかわらず外交に失敗した結果ということになります。つまり、論理的に言えば「軍事の裏づけ」が外交上効力を持たなかったということですから、樋渡説は間違っていたことになります。一方、樋渡説が外交交渉上の普遍的真理であるなら、北朝鮮の外交は成功裡に終わるはずであり、つまり日本は何がしかの経済的負担はあるにしろ、北のミサイルの脅威から逃れられるという逆説が成り立ちます。ありがたいことに、それなら日本は安泰というわけです。

それに関しては第7章で触れるとして、日本には北朝鮮系の朝鮮総連（在日本朝鮮人総連合会）があります。在日の人数がどれだけかは把握していませんが、総連傘下の団体は50近くあるようです。それだけの同胞が日本社会で平和に暮らしているところに、はたしてミサイルを撃ち込むか、ということです。倉前氏の言う「悪の論理で国際政治を読み解く」としても、「それはないでしょう」と言いたい。丁寧に付き合うことをせず、アメリカの手先となって相手国の威信と誇りを傷つけるようなことをすれば話は別でしょうが。

視点を変えて、では北朝鮮が軍事力を背景に外交で実利を取ったとしましょう。つまり、ミサイル攻撃に代わるその実利です。「食糧を援助してほしい」と言うのであれば、何も軍事力を背景としなくても、むしろ平和外交路線でいくらでも交渉できます。

金正恩とってのおきの別の警告は、「わが国にとっての最大の脅威は帝国主義国アメリカの存在だ。そのアメリカと軍事同盟を結んでいる日本に警告する。ただちに安保条約を破棄し、アメリカと手を切れ。さもなくばミサイルを撃ち込むぞ！」、これです。

あくまでも仮説の上でのことですが、アメリカの締め付けが厳しくなり文字どおり窮地に立たされれば、朝鮮総連の人たちが居ようが居まいが、ありえないことではありません。日米安保条約を取るか、北の要求を取るか、です。

日米安保は何か事あればアメリカが日本を守ることを建前にしています。政府は常々「国民の生命と財産を守る」と言っています。北の要求をはねつけるとしたら、理屈の上ではアメリカを巻き込んだ戦争が始まることになります。おそらく北朝鮮は大敗するでしょうから、国民に多数の死傷者は出るでしょう。しかし、北は地続きですから民衆の多くは国境を越えて中国にでもロシアにでも逃げることができます。

日本はどうでしょう。その戦闘の間に国土が全く無傷である保証はありません。54基の原発のどれかにミサイルが一発でも撃ち込まれたらそれこそ一大事です。周りは海ですから逃げ場はありません。つまり、国防に関して耳にタコができるほど国民の説得材料にしている政府見解、「日米安保が日本を守る」と「政府は国民の生命と財産を守る責任がある」の前提が崩れるわけですから、この際、防衛族が何と息巻こうと、ただちに日米安保を解消しなければなりません。それは樋渡説どおり、北が軍事力を背景に実利を取ることになるわけですが、この時とばかりもろ手を挙げて安保解消の途を取ることが得策です。

尖閣諸島問題を再考する

では、丁寧に付き合うべきもう一つの国、中国との尖閣諸島問題に話を移します。

１９６９年に国連の海底調査の結果、東シナ海の大陸棚に推定１０９５億バレル、イラクの埋蔵量に匹敵する石油埋蔵の可能性が指摘されたことから、１９７１年以降、中国と台湾が尖閣諸島の領有権を主張し始めました。どうも石油埋蔵の事実をアメリカの石油資本（ガルフ社）がいち早く嗅ぎ付けて、石油採掘権がらみで台湾を炊きつけたらしいのです。

琉球王国があった手漕ぎの船時代には、中国大陸への航路上にある島として、琉球人が航路の標識として利用していた程度で、漁業的価値はなかったような島です。

今は、地下資源もさることながら、排他的経済水域（沿岸から200海里）としても、どこの国のものかで大きく様相が変わることになります。日本の国土面積は世界の61番目ですが、領海・接続水域・排他的経済水域を合わせると海の面積は世界で6番目になります。その海面の端っこにあるのが尖閣諸島です。

琉球王朝時代のことでは、史実や文献から中国と日本の見解が分かれているようです。日本政府は日清戦争後の1895年に国標を建てることを閣議決定しており、その後、島では何人もの人が住み、鰹節の製造やアホウドリの羽毛の採取などが行なわれましたが、戦争の影が色濃くなって1940年には無人島になったようです。

なお中国は、「日清戦争で勝利したどさくさに勝手に国標を建てた」と主張しています。とは言え、戦後すぐの台湾や中国が編纂した地図には尖閣諸島は日本領として明記されていますし、1952年の日華平和条約で日本は台湾・澎湖諸島・新南群島・西沙群島に対する全ての権利を放棄しますが、尖閣諸島が台湾に属するとは解釈されていませんでした。

また、1953年1月8日付の人民日報は「琉球人民による反米闘争」と題する記事で、琉球群島の範囲として尖閣諸島、先島諸島、大東諸島、沖縄諸島、トカラ諸島、大隈諸島など7つの島を挙げています。

さらに面白いことに、1970年に刊行された中華人民共和国の社会科地図では尖閣諸島の記載があり、国境線も尖閣諸島と中国の間に引かれているのですが、翌71年版では、尖閣諸島は〝釣魚島〟と記載され、国境線も日本側に曲げられています。

一方の台湾は、1970年時点での中華民国国定教科書『国民中学地理科教科書』に、尖閣諸島が日本領として「尖閣諸島」という日本名で表記されています。

ただし、1955年以降も台湾漁船が尖閣諸島海域で頻繁に操業していて、八重山諸島の漁民の船との間でトラブルがあったようですが。

尖閣諸島問題「棚上げ論」

いわゆる尖閣諸島問題の後半戦は「棚上げ論」が発端となりますが、それを解決不能にまでこじらせたのは棚上げ論を無視した「尖閣の国有化」です。

つまり、無人島である尖閣諸島がいつどこの国が見つけたかとか、どこの文献に登場していたかなど、日本・中国・台湾の間で延々と自国の主張が続くわけです。台湾の李登輝元総統は自国民の非難をよそに、日本の領土だと再三主張していますが。

歴史学者の井上清氏（京都大学名誉教授）の1972年の著書『「尖閣」列島－釣魚諸島の史的解明』（第三書館）では中国に領土権原がある、と。それに対し、奥原敏雄氏（国士館大学名誉教授）が井上説の虚構性を指摘するなどいろいろ議論はありましたが、琉球王国が存在していた限りにおいて、やはり琉球の領土だったのでしょう。沖縄返還の時は沖縄の一部として認識されていたようですし、アメリカは、尖閣諸島は日米安保の防衛範囲と日本には回答しています。

1972年9月に、田中角栄首相が日中国交正常化交渉で中国を訪れた時に、周恩来国務院総理が「尖閣諸島問題については、今回は話したくない。今、これを話すのは良くない。石油が出るから、これが問題になった。石油が出なければ、台湾も米国も問題にしない」と述べています。中国政府として石油問題を意識していることの表明ではありますが、さすがに外交手腕としてみて周恩来は大政治家。それだと、たしかに正常化が促進しますから。

そして、日本側の交渉担当の福田赳夫と大平正芳が周恩来との間で「棚上げして後世に託す」ことにしたのです。つまり、ここまでは良くって、その後がいけません。

2012年4月、石原慎太郎都知事は尖閣買い上げを、こともあろうにワシントンで表明します。そして、全国に募金活動を呼びかけるのです。この石原氏の行動がちょっと唐突に思えるのですが、そこには彼らしい読みがあったようです。

おそらく、「ここに日本あり」と主張したいとでも言うのか、中国の反応を予測してむしろ中国との間に緊張状態を作り（彼は常に中国を、今は蔑称になるので使われていない〝支那〟と言っている）、〝平和ボケ〟している日本人の国防意識を鼓舞するところに狙いがあったのではないかと思われます。

しかも、その5か月後の9月9日にウラジオストクのAPEC首脳会議のおり、民主党政権の野田佳彦首相と胡錦涛国家主席との15分ほどの立ち話のなかで、胡主席が石原買い上げ案に反対を表明するのですが、それにもかかわらず帰国後すぐに野田首相が尖閣のうちの魚釣島、北小島、南小島三島の国有化を表明します。

「日本は約束を破った」ということで、中国全土で反日暴動が起こりました。現地に工場を持つパナソニックやイオンや平和堂なども被害に遭ったようです。日本の政治家のこうした一連の軽はずみに近い行為のおかげで、中国で働いている日本商社の人などが相当に迷惑したと思います。日本企業の被害は総額数百億円だとも言われています。

当時の丹羽宇一郎駐中国大使は政府買い上げに反対しました。日中間の仲が険悪になることを察知していたからでしょう。ところが、政府は石原都知事の挑発にまんまと乗り、丹羽大使を召還するわけですが、それでは何のために中国に大使を置いているか分かりません。

国の内部で燻っていたに違いない中国政府の官僚統制への不満も、反日暴動で都合の良いガス抜きになったわけですから、中国政府は内心日本に感謝しているかも知れません。

国防の将来を考える時に心配なのは、日本の政治家にある視野狭窄です。尖閣の国有化はまさに拙速でしたし、「わが国に領土問題は存在しない」「日本の固有の領土であることは自明だ」など、どうしようもない意固地的対応を繰り返すのみです。あたかも原則論を述べているように見えて、実は外交上汚点がないように必死に言葉で防戦しているだけです。それが元で生じる中国のマイナス反応に対しては、それをことさら〝自国への脅威〟と受け止めて、むしろ軍事的防備で対処しようとするのです。木を見て森を見ないのは、外交とは言えません。

1895年に日本政府が国標を建てたことも、国際法で言う「先占の法理」を根拠としているらしいのですが、尖閣諸島領有の閣議決定が世界に向けて公表されたものではなかったようです。したがって、中国側が「認知した覚えはない」と主張することもできるわけです。つまり、相手の主張の根拠を確かめようとしない……。

周恩来首相との間で「棚上げ」が合意されていたわけですから、国による島の買い上げは国家間の約束破りと映っても仕方ありません。日本の政治家は外交上でのそのことの重大性が分かっていないのでしょう。

その証拠に、ここに来てとうとう中国は尖閣諸島を「自国にとって核心的利益」の一つに位置づけてしまいました。つまり、台湾、チベット、新疆ウイグル自治区と同等に尖閣を見ているわけです。彼らもすでに「棚上げして後世に……」ではなくなったということです。

政治家に対して礼を失するようなことを言うことになりますが、外交交渉に限って言えば幼児性丸出しの感があります。駄々をこねているとでも言うのか。

中国脅威論の背景

戦後70年の安倍首相談話にしても、中国や韓国がしきりに「歴史認識を踏まえたものにすべき」と要求していることに関して、おそらく内心では「今さら何をしつこいことを言っているのか」くらいにしか受け取っていないのではないかと思います。国民もそれに同調するようなら、残念なことです。ここが重要です。

豊臣秀吉の軍勢が朝鮮半島に攻め入り残虐を極めた文禄・慶長の役。韓国の人はそのことで歴史認識、つまり反省の態度を迫っているわけではありません。中国も日清戦争で突きつけられた法外な「対華21か条」を問題にしているわけではありません。20世紀初頭から敗戦までの日本政府および日本軍の行為を問題にして言っているのです。なぜか。日本軍によって親兄弟が悲惨な目に遭った国民を今もなお多く抱えている政府が、その人たちの怨念を背中に受けつつ、現に日本と平和的外交関係を結んでいるからです。何も国として賠償金を取ろうというのではないわけです。そこのところが日本政府は理解できないから、談話の文言を曖昧にしてすり抜けようとするのです。物事の本質が理解できない、幼児性そのものと言われても仕方ありません。

政治家は事あるごとに中国の脅威を口にしますが、戦争をして損をするのは中国ではないかと思います。

今や対米、対日貿易に依存している中国は、戦争で貿易がストップすれば、尖閣の石油どころの話ではありません。ちなみに日中貿易の内実を見てみますと、中国から見て2019年の輸入額は1715億1465万ドル、輸出額は1692億1834万ドル。たしかに近年はいくぶん赤字ではありますが、20年前の1992年の輸入額85億9000万ドル、輸出額142億2000万ドルと比較するとその額の多さは桁違いで、商売上の結びつきは格段と強くなっていることが分かります。

日本は軍事の面でアメリカを頼りにしているとしても、そのアメリカ自体が中国との貿易を重視する限り、日本を武力で支援して中国との関係を悪化させる途を採るはずはありません。2019年の中国の対米貿易では輸出2兆4984億ドル、輸入額2兆7680億ドル。これまた中国としてはアメリカと一戦交えるなど考えられません。

すると、中国脅威論がなお政府与党を占めているのはなぜかということになります。日本に武力でことを構える国の脅威を語ることが、憲法9条を骨抜きにし変える口実になるからだと思います。集団的自衛権の行使は、その一里塚でしょう。

では、仮に日本と中国が海上で衝突したとして、安保同盟国であるアメリカはどう対応するでしょうか。

日米安保条約5条が適用されると明言してはいても、アメリカが戦闘に加わることはまずないでしょう。なぜなら、アメリカの戦闘行動には事前に議会の承認が必要だからです。対中貿易の中身を考えた時、アメリカ経済は戦闘に加わることを許さないに決まっています。

アメリカは日本人が勝手に期待しているほど情緒的であるわけはなく、プラグマティック、つまり極めて現実的に動くでしょうから。「どうぞお一方でおやりください。調停にはいつでも応じてあげますから」とでも言うのではないでしょうか。逆に中国の立場で考えると、日本に米軍基地があろうとなかろうと、現在の対米貿易の数値を考えた時に、資本主義としては新興国である自国が、これまで互いに積み上げてきた関係をチャラにしてまでアメリカと事を構える気持ちはないでしょうし、アメリカもその気がないと踏んで、もっぱら対日の力関係を考えると思います。

本章末の一言

小泉首相（当時）がピョンヤンに乗り込んだような大胆不敵で、しかも〈人間の顔〉を持って北朝鮮の首脳と対峙した誠意さと根性を、今の菅首相に期待することはできないようです。もっぱらアメリカ大統領の力を当てにしているなさけない姿を日本国民は日々目にしているのです。

第7章「積極的平和主義」と集団的自衛権について

ヨハン・W・ゲーテ（ドイツの詩人　1749〜1832）

強大な軍備を持ち、完全な守備態勢を整え、しかも最後まで守備態勢だけを堅持したという国家は、遺憾ながら、まだ見たためしがない。（ゲーテ『格言集』より）

安倍元首相が集団的自衛権の必要性を述べる時に、「積極的平和主義」という用語を使いました。一国平和主義ではダメだと。それと、巷には「安保ただ乗り」論が未だに根強くあります。そう、「アメリカに守ってもらうだけとは情けない」という意味を込めての論だと思います。

安倍流「積極的平和主義」の実相

安倍氏が口にした「積極的」というのは、「紛争地域に出向いてその地域を鎮静化し平和を取り戻す」ということでしょうか。それだと、普通の戦争する論理と同じになります。もちろん、そこには「現地の在留邦人を救出するため」という口実が含まれているとしても、です。

そして、その邦人救出論は集団的自衛権を主張する時にしばしば登場します。安倍氏のこの「積極的」なる言葉がいかに空疎で実態を伴っていないないか。以下にそれを示します。

TBSラジオでおなじみの秋山ちえ子さんが、雑誌『軍縮問題資料』(宇都宮軍縮研究室編)に書いた文章を目にしたからです。彼女は「古いデータですが」と断り書きをしたうえで、「国連での日本の投票行動」を指摘していました。そこから引用します。

1986年

「南大西洋平和協力地帯」問題　賛成146、反対　アメリカ、棄権　日本・カナダ

軍事予算の縮小　棄権

二国間軍縮交渉　棄権

地域スケールの通常兵器軍縮　棄権

核軍備の凍結　棄権

核軍拡の中止、核戦争の防止　棄権

インド洋平和地帯宣言の履行　反対

核使用禁止条約　反対

核兵器の不使用、核戦争の防止　　　　　　　　反対
国際平和と安全強化に関する決議　賛成97、棄権45、反対　アメリカ・イスラエル・日本

「どうですか。これが毎年広島と長崎で平和を願う祈念式典をしている日本の国際舞台での本当の姿です」と彼女は嘆いていました。

1991年のアメリカを中心とした多国籍軍によるイラク攻撃も日本政府は積極的に支持しましたし、古くは沖縄基地から発進する米軍機B52による北ベトナム爆撃（北爆）を黙認しています。

このような日本政府が「積極的平和主義」と言っているのです。「積極的平和主義」とは文字どおり「武力によらずあらゆる平和的手段を駆使して」ということが本来の意味だと思いますが。それに憲法9条は「武力で事を解決しようとしても良い結果は得られない」という歴史認識の裏づけがあって生まれたものだったはずです。

「核兵器使用禁止」よりはるかに控えめな「核軍備の凍結」の国連決議にすら、1982年から日本政府は反対しています。「核抑止の妨げになる」というのがその理由と言いますから、正気の沙汰とは思われません。

一方で憲法9条を掲げ、もう一方で武力行使を黙認するというこの日本のダブルスタンダード（二重基準）を世界の良心的な人々は理解に苦しんでいるはずなのに、そのことに日本の政

治家は全く気づいていないようです。

「二国間平和主義」か「世界平和主義」か

「アメリカの青年が日本の商社マン救出のために血を流しているのに、それを黙って見ていていいのか」という、大衆感情に訴える議論もあります。国会議員が真顔でそう言っていました。

1951年に生まれた日米安全保障条約から75年間に、米兵が日本のために一滴でも血を流したことがあったか。その言い草が気になりますが、それが仮にあったとして、アメリカ兵が血を流すことも、それに代わって自衛隊員が血を流すこともあってはならないことでしょう。

よく耳にするのは、憲法9条を掲げている人に対して「そんな観念的な一国平和主義はだめだ」と。そう言う人は、実は無意識のうちにアメリカと日本の「二国間平和主義」を主張しているだけで、「世界平和主義」に則って言っているわけではありません。

二国間平和主義をさらに拡大した事例を次に紹介します。

2015年5月27日の衆議院平和安全法制特別委員会での長島昭久委員の質問に対する安倍首相の国会答弁。「同盟国であるアメリカの艦船が日本人を救出する。その艦船が敵から攻撃を受けた時は、日本人の生命と財産を守る観点から、その相手国に自衛隊も応戦する」と。つまり、日本人が乗っているアメリカ艦船が攻撃されているのだから日本が攻撃されたことと同じで、それに反撃するのは集団的自衛権の行使であり、専守防衛であると言っているのです。質問者も質問者です。言葉の概念をきちんと押さえて質問していませんから、即座の反論ができず、結果的に全てが曖昧になっています。

例えば、専守防衛の議論で「日本が攻められた時」という言葉が行き交いますが、その時の「日本とは何か」が議論のなかで押さえられていないのです。私などは、攻撃を受けるのは日本国土だと思うのですが、どうもそうでもなさそうなのです。「日本の名誉が傷つけられた」と同じ意味で、「日本が……」が解釈されかねない。つまり、日本国土から離れたどこにあっても「日本が攻撃された」と解釈すれば、集団的自衛どころか専守防衛の名目で武力反撃ができることにもなるからです。安倍元首相はしきりに「国民の生命と財産、日本の存立が脅かされる重大な事態」と言っていましたが、おそらく日本向けのタンカーが航行不能になっただけでも「重大な事態」と見なされることでしょう。もっとも、そのタンカーがリベリア船籍だったら、リベリア政府が抗議するのかどうか。

イスラム諸国は元々は日本に好意的

2013年1月に、アルジェリアで日本の技術者10名がテロリストに襲われました。天然ガス採掘プラント工事現場で日揮社員が人質になった事件です。

ここで誰もが問題にするのは、普通の物取りについてではありません。あくまでもテロについてでしょう。現地で働いている邦人は仕事上その国に在留が認められているのですから、その国自体が邦人に危害を加えるということは考えなくていいわけです。

もし、現地邦人が襲われるとしたら、石油タンカーが襲われるというのと同じと見ていいことになります。

話が横道にそれますが、トルコでは大方のトルコ人は日本びいきのようです。どこの店でも日本語で親しみ深く語りかけてくるといいます。1877年の露土戦争、つまりロシアとトルコの戦争でトルコはロシアに敗れていますから、1905年の日露戦争で、アジアのはずれの小国日本が憎っくき大国ロシアを破ったことが日本人気になっているようです。

何を言いたいかというと、今のイスラム諸国が日本をどのように見ているか、ということです。テロは憎しみから相手を困らせることであって利得行為ではないからです。アメリカに抱く憎しみと、それにいつも追随している日本。そのことこそが問題だと思うのです。

そう言えば、日露戦争の前の1890年、オスマントルコ帝国の軍艦エルトゥールル号が遭難した時に、和歌山県串本の漁民が船員と兵士68人を手厚く救助したことも日本人気に関係していたはずです。この時のことが今もトルコの学校の教科書に載っていると、串本のホテルのボードにありました。

日本の商社マンや技術者が現地で安心して仕事につけるためには、日本という国がそこの国に対して日頃どう接しているか、それこそ文字どおりの積極的平和主義を国際的視野に立って実践しているかどうかが関係しているはずです。その国の国民が日本びいきなら、テロ行為など起こらないでしょうから。どなたも、パキスタンのペシャワールで灌漑事業を現地の人と地道に行なっていた中村哲医師を思い浮かべるのではないでしょうか。彼も孤軍奮闘ゆえに、結局テロの銃弾に斃れてしまいましたけれど。

アメリカという国

そうだとすると、やはり世界各地に敵を作っているアメリカと組んでいることの方が問題ということになります。「せっかく日本を守ってくれているアメリカに対して何ということを！」との批判を覚悟で、もう少し国際社会の中のアメリカについて述べます。

アメリカの漫画家で反戦活動家が書いた『戦争中毒』（前掲）を手にして得心したのですが、アメリカという国は軍事産業界と対外軍事政策とが密接な関係にあるということです。20世紀に入ってからでも、中南米だけで30数回、軍事介入を行なっています。そのほか20世紀後半になされたベトナムや中近東への軍事介入は、誰でも知っています。ソ連のアフガニスタン侵攻ではパキスタンゲリラに武器を輸出していますし、イラク・イラン戦争では、イラクにハイテク兵器を与えています。そんな兵器がその後の対アメリカのテロ活動に使われるのですから、テロが実力を蓄えたのはアメリカ軍需資本だと言っていいのです。

ところが、日本が日米同盟の下で「自衛」という時は、アメリカのこうした歴史的事実を不問に付しているのです。テロを受ける要因、つまりアメリカという国を内に抱え込んでいて、仮想敵国と見なしている相手の行為だけを問題にしているというのは、どういうことでしょうか。


アメリカ合衆国の歴史はせいぜい300年ほどです。清教徒の伝統をひくアメリカ人は、たしかに公正で正義感のある国民でしょう。広漠たる大陸を開拓するだけの積極的な行動力が特徴で、いわばネアカ人間の集まりと言ってよいと思います。非民主的国家に対して闘う正義感を持っているし、逆に堂々と反戦の意思表示をする国民も弾圧されることなく育っています。

ピースチャーチという反戦宗教組織があって、第二次大戦の時など、戦争に参加する代わりに政府の公共事業に参加しています。「アメリカの宗教が戦争を廃絶に追い込むのか、戦争が宗教を廃絶に追い込むのか」と決然と言ってのける人までいましたから。良心的兵役拒否者ではクエーカー教徒は有名です。かの有名なボクシングのモハメッド・アリも、ベトナム戦争への兵役拒否を誰はばかることなく堂々としています。もっとも、アリの場合はチャンピオンを剥奪されたり、3年半も試合を拒否されましたが、最高裁は彼に無罪を言い渡しています。

アメリカにはそうした良い一面はあるのですが、いかんせん国としての文化の歴史となると底がきわめて浅い。だから平気でメソポタミア文明の残っているイラクに砲弾を撃ち込むことができるのでしょう。

そう言えば、広島とは別に京都に原爆を投下する計画があった、と。知日派のライシャワー博士が止めなければ今の京都はなかったかも知れません。アメリカには文化を歴史的尺度で見る素地がないとしか思われませんが、どうでしょう。

NHKの「日曜討論」でこんな場面がありました。テーマが集団的自衛権についてだった時に、元外務省の岡本行夫氏が、集団的自衛権とのからみで、しきりに日本を取り巻く情勢のこととして、「ロシアがウクライナに侵攻していることの状況をどう考えるのか」とすごんでいました。ちょうどクリミアをロシアが併合する時でしたから。

でも、それを言うなら、「大量破壊兵器があるという憶測だけで他国に一方的に砲弾を撃ち込むアメリカという国がすぐ身近にあるということの怖さをいったいどう捉えたらいいのか」と問い返したくなったのですが、悔しいことに鳥越俊太郎氏や加藤陽子氏など、その時の出席者の誰からもそんな反論は聞かれませんでした。

現に、国連決議のないままに当時オバマ大統領は、ＩＳ掃討を理由にシリアを爆撃しました。国際法があるのかないのか、自国民の「弱腰」批判をかわすというご都合主義もあってのことで、日本が集団的自衛として同盟を組むなど危なっかしいこと、このうえないと言えるでしょう。

中国の脅威について改めて考える

それでは、最近頻繁に言われている中国の脅威について第1章とは別な角度で触れてみます。

ご承知のように、中国の哨戒機や掃海艇が日本の領海に侵入するという事態が頻繁に起こっています。

中国はGDPが世界第2位になったとかで、いわば新興資本主義国です。これまでのいわゆる資本主義圏の国は、それが仮に国家独占資本主義だと定義づけたとしても一種の民主的手続きを経たうえでの経済活動が基本ですが、中国は国家が主導する資本主義とでも言えばよいのか。ちょっとタチが悪いように思います。

中国内の経済格差はすごい。少し前までは農村部では穴倉生活に近いようなところがある一方、上海あたりでは700万円もする高級車を乗り回している若者を見かけました。

中国の都市住民1人当たりの所得を比較してみると、1978年ではさほど格差はなく、それが2013年には同じ都市でも北京で4万321元なのに、西方の新疆では1万9874元、つまり半分以下。そこに農村部も含めると、大変な格差が想像できます。これでは不満も蓄積するはずで、それだからか地方公務員の汚職に端を発した暴動が頻繁にあるのが現状です。

そうした国内の不満の目を外に向ける意味もあって、中国政府は国際的に強い中国を印象づけようと他国との、とりわけ日本、フィリピン、ベトナムとのきわどい軍事的接触を起こしているのかも知れません。

尖閣諸島問題がまさにその一つです。政府は事あるごとに中国の脅威をこの尖閣問題と結び付けて煽っています。第6章で事の経緯はすでに見てきたので、ここではその解決策を提示します。

かつて、「ワシントン海軍軍縮条約」というのがありました。アメリカ、イギリス、日本、フランス、イタリアの間で戦艦と空母の数というか、トン数を制限した条約です。1921年から22年にかけて結ばれました。当時は当然ながら空軍より海軍が主力だったことによります。「帝国主義列強が軍事力で植民地支配を進めるにあたって、その取り分を暗に船のトン数で決めた」とでも言えばいいでしょう。どうやら中国大陸という、彼らにとっての未開拓地を頭に描いてのことのようです。

さて、問題は尖閣諸島です。第6章で詳しく論述しましたが、石油埋蔵量がイラクのそれに匹敵するそうで、現在のところ日本と中国と台湾がそれぞれ領有権を主張しています。

しかし、冷静に考えてみると、埋蔵されている石油は日本・中国・台湾のどの国が作ったものでもありません。人類が地上で暮らせるようになる遥か前の地球の生成過程で生まれたものです。地球が作ったのです。それならば、ワシントン軍縮会議に倣って、こちらは平和のために分け合えばいいと思いますがいかがでしょう。

〝棚上げ〟ならいつになれば使えるようになるか分からないし、互いの領有権を主張し合ったら、つまらない軍事衝突になり、何の利益も生みません。当然、台湾がアメリカのガルフ社に与えた尖閣諸島海域の石油採掘権も早々とチャラにしてもらってのことですが。

2006年、安倍首相と胡錦濤主席の首脳会談で打ち出された「戦略的互恵関係」とは、まさにこういうことを言うのでしょう。

東アジアの悠久平和のために

『世界史地図帳』を開いてみてください。ヨーロッパは民族と宗教が入り乱れて、この数千年間に常に国境地域が変化しています。それに比べ、中国・日本・朝鮮半島は元王朝と満州国の一時期を除いて、2000年以上民族と地域の形にほとんど変化はありません。中国という大きな国があって、朝鮮があって日本がある。昔から今に至るまで、です。しかも、文化や歴史も影響し合ってきた、いわば兄弟のような間柄です。

そうした兄弟に向かって日本が率先して石油の共同開発、共同使用を提案する。何ら利益を生まない軍備にお金をかける必要もないし、ホルムズ海峡のタンカーのことを心配することもない。いや、むしろ中東の石油に頼らないでもいいのかも知れません。日・中・台3国の悠久の平和に寄与するでしょうから、わが国の平和憲法の精神にも叶うと思います。

もっとも、気になることがないではありません。共同開発した時に、その分け前を巡っての紛糾が起こりはしないか、と。

でも、こちらの〝ワシントン条約〟は場所が特定していることでもあり、むしろ平和の途を探る会談の中身で、各国の真価が問われることになると思われます。しかも、今生きている政治家たちがこの世から全員いなくなったそのずうっと後まで石油はなくならないのですから、採掘量の多い少ない云々をそれほど心配する必要もないわけです。共存共栄でいけばいいでしょう。

つまり、積極的平和主義とは、まさにこうした途を探ることではないでしょうか。

本章末の一言

安倍元首相の「積極的平和主義」は「戦争中毒者」であるアメリカ好みの表現ではあっても、本来の日本語表現としてはきわめておかしい。この70年以上、世界にその存在が知られている日本国憲法第9条が後ろ盾になっているのですから、国連をはじめあらゆる場面で「武力行使の愚かさ=非戦」を訴えることこそが、本来の積極的平和主義者の取るべき態度のはず。国語学者の沈黙が気になります。面倒なことに巻き込まれたくないということでしょうか。

第8章 「丸腰」国防のユニークな戦略

ロバート・マクナマラ（ケネディ・ジョンソン政権下の国防長官　1916～2009）

軍拡競争は愚かであり、どこかで歯止めをかけなくてはならない。アメリカの現政権からの軍拡要求を、日本は断固としてはねつけるべきである。両国の将来にとって、日本が軍拡に走ることは何の利益にもならない。日本は軍備にカネを使うより、平和促進のため何らかの壮大な構想を開発して資金を投入し、世界をリードしていくべきである。

（『軍縮問題資料』21号　宇都宮徳馬との対談より）

〝丸腰〟つまり国家が軍隊を持たないということを明確に表明したのが、ご存知のとおり日本の憲法第9条です。現実には世界有数の力を持つ自衛隊が軍隊ではないこととして、わが国に存在しています。その成り立ちは第2章ですでに問題にしましたが、今ここで改めて取り上げるのは、第9条の理念が実はヨーロッパの市民運動に大きな影響を与えているらしいのです。

ヨーロッパの反軍運動

『軍縮問題資料』（前掲）は、政治家・宇都宮徳馬氏が私財を投じて1980年から発行していた小さな月刊誌。宇都宮先生が亡くなられて4年後の2005年に資金が続かなくなり、多くの人に惜しまれつつ廃刊になってしまいました。

実はこの雑誌の1990年3月号に中央大学の伊藤成彦先生が「軍隊のないスイス」のことを書いておられ、そこで初めてヨーロッパの反軍運動のことを知ったのです。

スイスは毎年のようにこのテーマで国民投票をしているようで、普通はだいたい投票率が30％程度なのに、1998年に行なわれた「軍隊のないスイス」の国民投票は、投票率が68・6％という異例の高投票率、しかも賛成票が35・6％もあったといいます。1982年に始まったこの運動がやっと16年後に国民投票にまで漕ぎ着けたとは言え、初めの予想はせいぜい20％くらいかと思っていたらしいので、この数字を見て、「軍隊のないスイス」を掲げている活動家は大いに気を良くしたようです。

一方、ドイツでもスイスに遅れること8年で「軍隊のないドイツ」を掲げる市民団体が廃軍運動を起こします。

スイスの軍隊は民兵制で、20歳を過ぎると兵役義務が生じ、最初の1年は6週間、その後は毎年3週間服役することになっているようですが、現代のハイテクの軍隊はもはやアマチュアの手に負えないところにきている、というのが彼らの認識にあるようです。

それに対し、ドイツの市民運動はもっと理論的に現状分析をしています。「互いに戦争をしないようにと各国の軍備を縮小してヨーロッパ同盟を結んだとしても、そこにはNATOの平和があるだけで、全体としては軍事大国で、周辺諸国に脅威を与えることには変わりない。それよりも軍縮によって節約された資金を第二、第三世界の貧困の解消と環境保護に向けるべきだ」と主張していますから。

また、「軍隊というのは上下の命令関係に基づくから、民主社会の自由な生活形式を本質的に阻害する」との考えにも立っているようです。

テレビでも時々国賓を迎えた時に軍隊の栄誉礼を観ることがありますが、あれも止めて挨拶を市民的形式に変えるように政府に申し入れたりもしているそうです。軍事物資は、ほかの世界での戦争に転用されるから良くない、とも。

〝丸腰〟国防の方策

こうしたヨーロッパでの日本の憲法第9条を受け継ぐ市民運動に勇気を得て、いよいよわが国の国防を〝丸腰〟でする方策を練ることにします。

「九条の会」など多くの市民団体が文字どおり必死になって、安倍政権が打ち出していた違憲とおぼしき諸政策に反対の声を上げていました。国会の周辺は時にそうした老若男女で埋め尽くされました。今までにない自発的な国民の怒りのうねりを感じとることができました。しかし、失礼な言い方を許してもらえれば、何となく〝モグラ叩き〟をしているように思えるのですがいかがでしょう。「原発は危険だ、原発なくせ！」のような明確な主張がないだけに。

憲法9条の不戦の意思を掲げる多くの市民団体が〝丸腰〟、つまり軍隊を持たなくても十分に国防を維持できる具体的な方策を共有できたなら、議会の中にそうした一つの勢力を産みかつ拡大できるのではないかと思います。たしか、国会内に「死刑廃止議員連盟」なる集まりが超党派であるようですし。

以下に、その具体策を検討することにします。

まずは一つの問いを。

侵略でも侵攻でもいいのですが、日本の国土が外国の武力によって侵されたと仮定しましょう。その時、日本の〝丸腰〟の政府、そして国民はそれにどう対応したらよいでしょうか。

過日、NHKの「日曜討論」を観ていましたら、元防衛大臣の森本敏氏がこんな意味のことを言っていました。「抑止力とは、相手が武力行使をしてきたら、それを完全に打ちのめすような力を備えている時に初めて言えることです」と。

つまり、「叩きのめされることが分かっていれば攻められない」ということでしょう。その発言を聞いて気になったことがあります。

森本氏は大臣をやった人ですから、当然、憲法は知っていなければなりませんし、憲法を遵守する立場の人のはずです。それなら「武力による威嚇または武力の行使は、国際紛争を解決する手段としては、永久にこれを放棄する」（第9条）を前提にしてものを言わなければなりません。

「実は、現憲法の下では、そういう場合はどうしていいか困るのです」とでも言うのなら分かりますけれど。それと、いくら仮定の上でもこの時代、地続きの中東諸国ならともかく、海を隔てて武力攻撃を仕掛けてくるような事態を想定することこそおかしいと思うのですが、どうでしょうか。

しかし、すでに最新の戦闘装備を持っている自衛隊を認めている以上、防衛大臣としては当然の発言と言えなくもない……。そういう意見があることは想像できます。おそらく他国の戦艦や戦闘機が領海内に入ってきて、「出て行け」「出ない」のやりとりのなかで戦闘が始まり、それがエスカレートした時を想定しているのかも知れません。

「ミサイルを1発でも打ち込んでみろ、その時はこちらから１００発撃ち込んでやるから」という理屈を言っているのでしょう。

防衛族の人たちは、言い方は悪いですが認識がきわめて単細胞的だと思います。でも、真面目にそう考えているのでしょうから、それにいちいち付き合っているわけにもいきませんし、侵略などあり得ないとは思ってみても、この際ですから一応彼らの言う武力による侵攻ないし侵略があったと仮定して話を進めることにします。

攻めてくる国はどこか。北朝鮮はミサイルですから攻撃ではあっても、侵略とは違います。防衛省は中国を仮想敵国としているようですから、この際、非礼を承知で中国ということにさせてもらいましょう。

逃げるが勝ち

自衛隊もない、当然武器もない、それこそ〝丸腰〟の日本がそのような事態に直面したとして、読者の皆さんならどうしたらいいと思いますか。当然、米軍基地もすでにないということで。

警察を頼りにしてもダメです。司法警察の役目ではありませんから。場所が海だとしても海上保安庁の巡視艇もダメです。相手に応戦しないという原則で考えてほしいので、それもありません。それに彼らは海の警察です。

ヒントを言います。3・11……。津波なら高台に逃げます。原発の放射能漏れなら30㎞より遠くに逃げるでしょう。先の章で言ったように、逃げるのです。安倍元首相が口癖のように言う「生命と財産を守る」ためにも、ひたすら逃げるのです。逃げるが勝ちです。もちろん、相手が暴力的に来た場合であって、そうでなければ非暴力的抗議行動をしつつ、事態の推移を見守ることです。

仮に尖閣諸島が武力占拠されるようになっても、尖閣諸島は目の前にありませんから逃げる必要はありませんが、一応そうであれ、また本土に上陸したとしても、無抵抗で見守るだけです。問題は、その時の〝丸腰〟の日本政府の対応です。

国連なり国際司法裁判所に提訴することが考えられますが、その前にすることがあります。中国にある日本企業が自主的にすべて引き揚げることです。現在、中国にある企業の数はどのくらいでしょう、2020年で約1万3600社もあるようです。パナソニックやユニクロのような現地工場を持った企業もあるでしょうし、中日の合弁会社も多数あると思います。

企業はそれぞれ多くの投資家を抱えているわけで、高度な資本主義国になった中国で株が暴落すればかなりの打撃を被ることになるでしょう。それに日本向けの輸出は滞りますし。

その時予想されるのは在日中国人に対する排斥運動です。でも、日本政府には逆のことをしてほしいです。ヘイトスピーチをするような連中から、彼らを手厚く保護するのです。終戦と同時にスターリンは満州の日本人男性をシベリアに抑留し強制労働させましたが、中国の蔣介石は侵略者である日本人の帰国にむしろ手を貸しましたし、賠償も放棄しました。その恩義に報いるためにも、です。

ここまで述べてきて、ハテ？　尖閣諸島海域はすでに三国共同開発の下にあるわけですから侵略はない……。すると中国が日本本土を侵略する目的は何か。実は何も考えられないのです。

森本氏の抑止力発言から、ついつい想定外ながら具体的な話に発展してしまいました。

食糧自給率の低さ

私はすでに諸外国からの脅威については記述し終えておりますので、これからは独自の建設的な施策を考えることにします。

その施策の目をどこに向けるかということですが、それは工業製品を作る第二次産業でも、サービスやアイディアの第三次産業でもありません。第一次産業、つまり日本の農業です。

まずは、日本農業の直面している食糧自給率の問題を挙げてみます。

米は別としてあらゆる項目がおしなべて自給率が低い。全体のカロリーベースで39％です。つまり、61％は外国依存ということです。うっかり戦争でもして、日本が経済封鎖されたら国民は生きていけません。

何も戦争ばかりではありません。中国は13億人ですか。インドも人口ではすでに中国と肩を並べているかそれ以上でしょう。フィリピンやベトナムなど東南アジアの国々も工業化が進みますから都市住民が増えるでしょう。つまり、それらの国でも農村人口が減るわけです。自国で穫れた農作物は他国に輸出するどころか、輸入に転じるかも知れません。すると日本人の食糧は戦後すぐのように、農業大国であるアメリカに頼るということが考えられますが、それもおそらく期待薄でしょう。

アメリカの上空を飛行機で飛んでみると分かりますが、どこまでも平坦な広い農地が整然と、いくつもの丸い円を描いているのを見ることができます。実はその丸い円は、スプリンクラーで地下水を汲み上げ散布しているのです。長年地下水を汲み上げることによって地中の塩分が地表に集積するようになり、いずれ作物の収量に大きな影響をきたすことがすでに予測されています。ですから、アメリカの農業に期待するのも大いに問題があるのです。

１９４６年の１人当たりの摂取カロリーは１４４８、現在の２２００カロリーと比べると65％です。よく耐え忍んだということでしょうか。社会全体の食糧難を経験していない今の人は、おそらくスーパーに食料品がなくなったら、それこそ奪い合うようなパニックになるでしょう。

１９９３年の米の大不作の時など、茨城県の私の町では稔った田んぼが一夜のうちに無断で刈り取られてしまったり、倉庫にあった米が盗まれたりといった事件がありました。食糧の乏しかった昔でも、そんなことはありませんでした。昔の日本には農村共同体がしっかりありましたが、今はその共同体が壊れています。

戦後すぐの食糧難と今後予想される食糧難の違いを考えてみます。戦後すぐの農村は、当時の国民を養うだけの食糧生産の容量は十分あったのです。何しろ、農村には爆弾は落とされませんでしたから。

ではなぜ食糧難になったかというと、農村の働き手が兵隊に取られていなかったこと、化学肥料が不足していたこと、穫れた農作物を都市に輸送する手段がなかったことによるのです。それに引き換え現在の自給率の低下は、数値的に見れば農家人口の減少と国民全体に蔓延している飽食でしょう。

農家戸数が1955年で604万戸だったのが、2018年ではたったの120万戸です。農家1軒の働き手を2人とすれば約240万人となりますが、実際は175万人で、しかもそのうちの120万人が65歳以上です。1億2000万人の日本国民の食糧の大部分を、農家のお年寄りが支えていることになります。

ただ、この食糧自給率ですが、この数値をそのまま信用するとひどいことになります。鶏卵の自給率が95%ということは、5%は輸入です。小麦の12%は国産小麦で、あとは輸入ということでしょう。小麦はその数値でいいのです。問題は鶏卵です。鶏の餌のトウモロコシは100%輸入のはずです。ですから、輸入がストップすればひと月もしないでスーパーから卵が消えるのです。同じことが養豚や酪農にもあてはまります。

そういう側面で数値を理解するとすれば、米自給率100%といっても石油がストップすれば、トラクターもコンバインも田植え機も動かないということになるわけです。

農家人口の減少については、企業がそれに取って替わることで乗り切れるように思うでしょうが、農地そのものが1979年の320万haからちょうど半分の160万haにまで減っているので、そのことを考えても深刻な事態にきているのです。

食糧アンポ

ところで、「食糧アンポ」という言葉を聞いたことがありますか。食糧安保、つまり食糧安全保障です。国の安全保障を食糧の観点で捉えるという……。

国の安全を保障するのは武器によるのとは別に、食糧確保が重要であるということです。武器どころか食べるものがなくなれば、国はガタガタになりますから、国防の要諦はむしろ食糧確保にある、と。

すべての国と仲良くして食糧を他国から輸入すればいいという外交交渉の途がないわけではありませんが、かつての農業国が人口増と都市化で余剰農産物を期待できなくなることも考えると、食糧安保は現実味を帯びた課題なのです。

そこでまず、日本の米の生産状況を昔と今とで比較してみます。

農業の機械化と化学肥料多用の現代稲作とは違い、明治・大正・昭和の中期までは1反（10アール）当たりの米の収量は今の半分程度でしたから、米を作っている農家でも米飯を口にすることは叶いませんでした。十分ではなくても米飯が普及したのは、皮肉にも軍隊が米を取り入れたことと、戦争による食糧管理制度で米が配給制になり、庶民にあまねくゆき渡ったことによります。

耕地の区画整理がなされ、大型農業機械の導入、化学肥料と農薬の多用、合わせて品種改良による多収穫米で、1967年には最高の1426万tの収穫量を記録しました。現在は約860万tです。コメの耕作面積で言えば、320万haが160万haになったということです。

その頃は食糧管理制度がありましたから、作った米は全て政府が買い上げることになっていました。過剰米がたしか600万tになったと思います。政府は食管赤字と在庫米の扱いに頭を悩ませていました。日本で2番目に大きな八郎潟を埋め立てて稲作農家を呼び込んだにもかかわらず、そのあと減反政策に踏み切るわけです。

政府としては食糧管理制度が撤廃され、食管赤字がなくなってせいせいしているでしょうが、農家としては米さえ作っていれば生きていけたのにそれがなくなり、生産意欲を大いに減退させたはずです。農家の高齢化ばかりでなく、こうした生産意欲の減退も不耕作農地の拡大に拍車をかけたと思います。

今はお米も食べなくなりました。昭和の中期までは年に1人平均120kgは食べていましたが、今ではその半分以下です。つまり、政府の農業政策があたかも先を見越して成功したように見受けられますが、農家が米作に魅力を感じなくなると、後を継ぐはずの若者にとっては、農業という産業それ自体に魅力を感じなくなる原因ともなり、今日の農家人口の減少と国土の荒廃につながっているのです。つまり、日本の国土の底力がだんだんなくなってくることでもあるのです。

北朝鮮の食糧事情

ここに来て話が急にあらぬ方向に向きますが、北朝鮮の食糧事情について述べます。この章の眼目でもあるので。

国連食糧農業機関（FAO）のデータと脱北者の証言から推測するしかありません。何しろ閉鎖した国ですから。つまり、FAOも間接的に知り得たことで、正確なものとは言えないでしょうし。

金日成だったか金正日だったか、とにかく稲作など全く知らないトップが「苗を密植すればたくさん穫れる」と言ったために、それを妄信して上意下達したことで大失敗した例がありました。また、燃料用に山の木をやたらに伐採したために洪水が頻繁に起こって、耕地の何%かが耕作不能になったこともあって、90年代はかなりの食糧不足だったようです。でも、

２００２年の統計では日本の食糧自給率が30％なのに対して、北朝鮮は71％になっています。ただし、ピョンヤンはいいとして、地方ではやはり餓死者は出ているようです。脱北者の証言を信じれば、のことですが。

日本は不足分の70％の食糧をまるで自動車と引き換えのようにして、外国から金で買っているのに対し、北朝鮮の不足分30％は実はどこからも買えないということかも知れません。ですから額面そのままに、国民の３分の１は食糧が全く口に入らないということでしょう。

少し古いデータですが、ＦＡＯと世界食糧計画（ＦＰ）による「北朝鮮作物状況報告書」では、２０１３年秋から14年春まで北朝鮮の穀物生産量は米約１９０万ｔ、トウモロコシ２２５万ｔ、ジャガイモ50万ｔなど約５３７万ｔと推定しています。米だけを見ると１人当たり米消費量67・８kgですから、日本の１人当たり72・４kgとさして変わらないように見えます。ただし、日本では、もはやご飯は添え物みたいなもので副食中心の食事になっていますから、北朝鮮を考える場合は、日本人の昭和初期の１人当たり１２０kgを基準に考えた方がいいのです。つまり、食糧問題は未だ解決していないということになります。

それも国民平均しての67・８kgであって、はたして国民に平等にゆきわたっていると言えるのかどうか。特権階級に多く配分されていることは容易に想像できます。国連児童基金が２０１４年の『児童人道主義活動報告書』で、北朝鮮の５歳未満児童の28％が慢性栄養失調に苦しめられていると指摘していますから。

難民問題

目を転じて、中東やアフリカなどの難民の状況についても述べてみます。

現時点で世界の難民は2019年で7000万人を突破したと。しかも、この1年に230万人増えていると言われています。これは国連難民高等弁務官事務所の資料によるものです（高等弁務官と言えば緒方貞子さんの名前が記憶に新しいです）。しかも、その難民の90％近くを発展途上国が受け容れているというのです。受け容れの多い順に言いますと、トルコ370万人、パキスタン140万人、ウガンダ120万人、スーダン110万人、ドイツ110万人。

難民の出身国はアフガニスタン250万人、シリア550万人、ソマリア140万人です。ソマリアを別にすればすべて中東です。難民は足で歩くかトラックかボートでの移動でしょうから、受け容れる国が周辺国であるのもうなずけます。

難民と言えば、アフリカなどの部族間抗争で生まれるものと思っている人が多いと思いますが、この10数年で起こっている中東を舞台にした国際紛争がその原因ということです。つまり、そこには大国がからんでいる……。難民が海を隔てたヨーロッパに大量に押し寄せる姿を、私たちは日々目にすることになります。

難民問題がこれほど深刻さを増しているというのに、日本はなぜか涼しい顔をしているのです。シリア人6人が難民申請をしても1人も認定されなかったそうです。

それに対してアメリカが2万人ほど、フランスは9000人ほど。ドイツが桁違いに多いのは、ドイツ基本法にある「政治的に迫害を受けた者は、庇護を享有する」をメルケル首相が実行しているからです。

北朝鮮への食糧援助

さて、これら数千万人と言われる難民は当然のことながら、日々の食べ物に困っていることでしょう。北朝鮮に栄養失調の子どもが多いということは、社会の弱いところに矛盾のしわ寄せが来ているからです。

「北朝鮮の脅威」については第1章ですでに検討してきました。アメリカが、そして日本も追随して事あるごとに経済制裁を口にします。そして金の出入りをストップさせて、いわゆる「懲らしめ」をします。グローバル資本主義がすぐに考える手です。

「懲らしめ」の反作用は「憎しみ」でしょう。いくら北の核保有に懸念を抱いても憎しみを生むかぎり、そこに真の平和は訪れないと思います。

2002年9月に、小泉首相がピョンヤンを訪問しました。金正日国防委員長と会談し、いわゆる「ピョンヤン宣言」を確認します。そこでは同年10月中に日朝国交正常化交渉を再開することをうたっています。そして、人道主義的支援などの経済協力などが協議事項にもられていました。

しかし、その後のいわゆる拉致問題が進展しないことで暗礁に乗り上げてしまっています。日本政府は「拉致問題の解決なくして日朝の国交正常化はあり得ない」との立場を崩していません。拉致に対する北朝鮮の不明朗さというか居直りは確かにあるのですが、それはある種の国として表向き譲れない立場からの反応でしょう。実際に正常化がなされれば、前向きに解決するはずです。

むしろ、独裁国家にアレルギーを持つアメリカの経済制裁という常套手段に沿った形で日本政府が動いていることの方が問題で、人道を装い拉致問題を全面に出すことで、むしろ国交正常化交渉を遅らせているように思います。

ピョンヤン宣言を読むだけでは、ミサイルによる脅威などは全然感じられません。極めて正常な紳士的な文言ですから。

正直なところ、正常化交渉を早く再開してほしいものです。そして、その交渉のなかで「人道主義的支援などの経済協力」として、北朝鮮国民に食糧の援助を提案してほしいのです。具体的に述べます。さしずめ1人当たり年に10kgの米を何年かにわたり無償提供するのです。

一家5人なら50kgです。庶民の暮らしの少しは助けになるのではないでしょうか。これこそが北朝鮮の脅威を無にする国防の要諦だと確信しているのです。

河野洋平氏が外相時代に、「人道支援」と称して軍に横流しされるのが分かっている食糧を、北の求めるままに援助したとして批判を浴びたことがありますが、私は河野氏の気持ちがよく分かります。やはり、彼も食糧が乏しかった戦中育ちですから。

北朝鮮への私の提案条件は、国民に平等に配給することと、他国および国民の間での米の換金を禁止すること、違反した場合は即座に援助停止、とするのです。

そこで予想される意見は「政府が軍に横流しすることは当然考えられる。軍人がますます元気になるのは不愉快だ」と。

誰でもそう思うでしょうが、軍人の胃袋も他の人と同じ容積でしかありません。軍関係者が米を溜め込んで困っている住民に小出しに売りさばくなどということも想像できますが、必ずどこかで発覚するでしょう。

さて、本論です。

北の人口を2450万人としましょう。すると、1人10kgですから援助米は24万5000tということに。10アールで8俵穫れるとして、水田の面積にすると約5万1000haです。米価1俵60kg1万2000円（このところ1万円を割っているようですが）とすれば、防衛費から年に約489億円が農家に支払われることになります。そんなに⁉ と思われる方は、国民の多くが飛行を危惧していたオスプレイやイージス艦をアメリカから買う値段と比較してみてください。それぞれ単品で100億円から120億円するらしいですから。

もちろん、こんな批判も予想できます。「あんな国を援助するなんて、国民の貴重な税金をドブに捨てるようなものだ」と。

恥ずかしながら、実はそんな意見がわが家にもありました。私の家内は、それはそれはヒューマニストなので、私が描いていた北朝鮮への食糧援助構想に常々賛成していたのですが、最近になって私の書棚にあった『北朝鮮脱出 上・下』（姜哲煥・安赫著 文春文庫 1997）を読んだらしく、私の構想に猛反発。「ドブに捨てる」とその意見と同じ反応でした。ですから、そう思う人は少なくないと思います。

でも、次のことはどうでしょうか。朝食を食べながら新聞の朝刊を開きます。実はその新聞報道を読んだから言うのですが、そこには次の見出しが載っていました。

「汚染水対策七〇〇億円無駄に 東電 除染装置不具合など 会計検査院指摘」（東京新聞2015年3月24日付）。おそらく多くの人は「なんだ、これは！」と一瞬思っても、その先は何事もなかったかのように、別の記事に目を移すでしょう。そして、いずれ記憶から薄れる……。

この記事を見て私は怒りました。私が構想する北朝鮮への食糧援助費の倍に近い金でしたから。

つまり極端な言い方をすれば、日本の国防費5兆円何がしや東電のこうした無駄な出費にはさして怒りを示さない人が、むしろ北朝鮮援助に対しては怒るのです。

永年空腹で苦しんできた北朝鮮の人たちがある程度お腹を満たした後、はたしてもう一度空腹を望むでしょうか。いくら独裁的な為政者でも、この生理的欲求というか生理的習慣を権力で抑えることはできないと思います。つまり、米が断たれたくなければ、米の食料援助国である日本にミサイルを撃ち込むなど、あり得ないということです。

それともう一つ。これは大切なことだと思うので言いますが、将来自らの手で真に民主的で幸福な国を作ってもらうためには、北朝鮮の人たちに健康でいてほしいからです。

実際のところ使うか使わないか分からない自衛隊の各種武装器機に代わる立派な国防の役目を、お米が果たすことになるのです。北朝鮮も、日本に対する考えを改めるのではないでしょうか。拉致問題も解決に向かうでしょうし、60年代に日本から北に帰還した人たちの北朝鮮での社会的立場も良くなるのではないかと思います。

日本農業活性化のためにも

ここまでの計算では、160万haの不耕作水田の3％を復活させるということです。経済制裁はアメリカのいつもの手段です。アメリカは民主主義オンリー、資本の輸出が阻まれる独裁体制というだけで相手を認めない国です。そんなアメリカに日本が追随する必要はないわけです。これはあくまでも日本が「自国を守る」ためにすることだと、肝に命じたいところです。

当然、復活する5万1000haの田んぼは、人道支援を志す青年の新たな働き場となることでしょう。つまり、1俵1万2000円の何がしかが彼らの労働の対価になればいいわけですから。Uターンですか、それともIターンですか。いずれにしろ農村に活気が戻るかも知れません。

私の構想にはまだその先があります。難民が生まれた国、そして難民を受け容れている国、この双方の国に難民支援として同じく米を送るのです。受け容れている国の人々もおそらく食糧には困っているでしょう。当然ながらすべてが難民の口に入る保障がないとしても、です。

それに見合った作付面積と生産量を計算してみます。一応、5000万人を対象とします。同じく1人当たり米10kgとすると50万t。面積10万4000haです。政府買い上げ価格が998億円。北朝鮮と合わせると1487億円です。

先に国防費5兆円と述べましたが、この中には何ともあいまいな「おもいやり予算」の約1800億円が含まれています。同じ「思いやり」なら、米軍家族の娯楽・保養施設などに支出するよりも、困っている国の人たちの空腹を思いやることに使った方が、はるかに人道的ではないでしょうか。

日本では、かつて民主党が提案した農家所得補償制度（2013年以降は経営所得安定対策制度）があります。先進国ではそれに類するものはどこにもあるようですが、米農家や畑作農家に2012年ですと7336億円がつぎ込まれています。政府は1兆円を目途に考えているようですから、それを基に考えれば、米の対外援助額1487億円と個別補償額7336億円の合計8823億円は、十分農家補償の枠に収まる金額です。そこから復活する田んぼは約15万5000ha。つまり、不耕作田全体の約10％にあたります。

私の話には実はまだその先が……。

国際社会において名誉ある地位を

まずは中東・アフリカからヨーロッパに押し寄せている難民すべてに受け容れ政府を通じてお米を提供すること。そして誰もが嫌悪しているISにもお米を無償で送りたいのです。

「え!?　ISにもですか！」との声が上がることは十分に予想できます。

しかし、お米は銃弾ではありません。お米が銃弾に変わることもありません。人間の血や肉になるのです。おぞましい行為を繰り返している人もまた人間でしょう。

私たちが仮にISの人を目の前に見た時に、この人たちを銃器や刃物で殺したくなるのであれば、お米を送る必要はないでしょうが、人を殺す道具の使用を否定する立場に立つのであれば相手が誰であれ、腹をすかしている人に食糧を与えることは、人間として当然の行為ではないかと思うのです。もちろん、それが今の状況のなかで可能かどうかは分かりませんし、ISはすでにその力を失いつつありますから、実際にはあり得ないことでしょうが、一つの理念として。

日本国憲法にもあります。

「われらは、全世界の国民が、ひとしく恐怖と欠乏から免れ、平和のうちに生存する権利を有することを確認する」（憲法前文）がゆえに世界の困窮している人々に食糧援助をするのであって、それはまた**「平和を維持し、専制と隷従、圧迫と偏狭を地上から永遠に除去しようと努め」**（同）る行為でもあり、ひいては日本が**「国際社会において、名誉ある地位を占め」**（同）ることになるのです。

そして、これが大切なのですが、紛争地域がどこであれ、そこに食糧（米）を送る時には米袋の一つひとつに必ず次の言葉を添えなければなりません。

「異国の友よ！　武器を捨てよう。そして鍬を持とう！　日本政府」と。

その時、日本が〝丸腰〟だったら、この言葉はより響きがいいと思います。

マハトマ・ガンジーをご存知だと思います。〝インド独立の父〟です。徹底した無抵抗主義者として支配国イギリスと闘った人ですが、彼がイメージした独立インドはインド亜大陸全体だったようです。結果的にヒンズー教徒のインドとイスラム教徒のパキスタンに分かれることになるわけですが、その間に繰り広げられた暴力に及ぶ宗教対立のなかで、ヒンズー教徒であるインド国民会議派の人たちにガンジーが言うのです。「ヒンズー教徒によって殺されたイスラム教徒の孤児を引き取って育てなさい。それもイスラム教徒として」と。

うろ覚えでやや怪しいのですが、本当の平和主義とはそういうことではないでしょうか。

第1章の「テロの脅威」のところで取り上げましたが、ISをはじめ現在の中東を舞台とした紛争は、元はと言えばヨーロッパ列強の身勝手な国境の線引きと、戦略上の思惑である「敵の敵は味方」の論理で武器を供与したことに始まっているわけですから、その責任は当然、欧米列強とそれに追随してきた日本が、何らかのかたちで償わなければならないのです。そのあたりの自覚を、日本の首相やノーベル平和賞を受賞したオバマ元大統領に持ってもらいたいものです。東京オリンピックのテロ対策などと言っていますが、日本のお米がテロを防ぐことになるかも知れません。

中近東に軍事介入してぐちゃぐちゃにしているアメリカにこれからも日本が追随しているよ

うだと、このイスラム圏の人たちの信用をなくすことになりますが、お米が彼らに届けられれば、日本に対する彼らの見方は逆転するでしょう。

つまり、〝丸腰〟での国土防衛には国民としてそれだけの覚悟が必要だということです。市民の意識の方が今の政治家より上にあるのだという気概を持って。

問題は、高齢者ばかりではたしてこれ以上米を作れるのかということですが、その秘策は後の第10章で検討することになります。

〝瑞穂の国〟日本

ところで、農家にとって看過できないＴＰＰ（環太平洋パートナーシップ協定）はどうなるのでしょうか。おそらく米や畜産物の関税が引き下げられ、米作農家や畜産農家を直撃するのではないか。あるかないか分からない軍事的侵略を声高に叫ぶことで国民の目を惹きつけている間に、実は外国農畜産物による〝侵略〟がなされつつあるということです。独立国家にとって保護関税は国防上の一手段であったはずなのに、です。

かつて日本国総理大臣が言った「一粒の米も入れさせない」との言葉が記憶のどこかにありますが、この輸入農畜産物の〝侵略〟は消費者に価格上の差を歴然と見せつけることになり、農家の生産意欲を削ぐことにつながるはずです。

皮肉でも何でもなく、わが国のお米を〝丸腰〟国防の戦略に使うことを思いついたのは、TPPで思惑どおりになったと、ほくそえんでいるであろう自動車産業の利潤（税収）を、新たに立ち上げた国の方針として米農家の所得に振り向けるということなのです。50〜60年前には、本州の酪農の規模はせいぜい牛10頭から20頭、多くても40頭程度でした。そして、養豚もそれに近いものだったと思います。こうした畜産農家は、おそらく並行して自給的に米も作っていたことでしょう。輸入飼料に頼っている現在の畜産経営が今後ますます厳しくなるとすれば、この際、米作への回帰が考えられていいわけです。

私がお米々々とこだわって言うのは、日本が〝瑞穂の国〟だからです。深い山を背景に持ちそこから流れ来るたくさんのミネラルを含んだ水で育てられる米。1000年同じ田んぼで栽培しても連作障害など起きません。米は、日本の風土にあった最高の作物なのです。水を湛えた田んぼは安定した環境を作ります。日本人の精神性の根源でもあります。それに、農村の復活、農家の人たちに元気になってもらいたいし。

ただ、こうした提案をしてもなお一抹の不安がなくもありません。もし、自然災害や気候変動でお米が不作になったら、他国に約束した食糧援助はどうなるかということです。何事にも単線よりは複線の方がいいに決まっています。

考えられるものとしては、医薬品、医療器材、教育教材、衣料品、ロボットなど……。

北朝鮮のことを報じた新聞記事で知ったのですが、食糧や衣料などの配給が滞っていて、ヤミ市が公然と開かれているらしい。政府の義務である配給がなければ政府も示しがつかないので、このヤミ行為を黙認しているようです。

あの3・11の後、友人の野菜を積んだトラックに便乗して、一度だけ被災のひどかった宮城県南三陸町に行ったことがあります。いろいろな支援物資が届けられていたのですが、実は、町の体育館に衣料品がそれこそ処理できずにうず高く積んであるのを見ました。かつて噴火のあった三宅島の避難地でも、それと同じ光景を目にしています。日本はどこも衣類は余っていて、こういう機会があるとたくさん集まるのだなということが分かりました。

ですから、すでに荷物運びに改造されているかつての自衛艦に、毛布や衣類を満載して北朝鮮や紛争地域、避難地域の人々に届けるのは極めて現実的です。米とセットでもいいわけですし。

それに、ペシャワール会の故中村哲医師の実践例にならって、武器を持った自衛隊員ではなく、土木工作隊のような実働部隊の派遣も考えられます。

何しろ、〝丸腰〟の日本に暮らす私たちが、国防の戦略として考えつくものであれば何でもいいわけです。ただ、私としては自然に根ざした生産体制をベースとして、人間の生理に訴える意味ではお米がいちばんいいと思っています。

最後に、意味深い文章をご紹介します。

「日本は国家目的や国家価値が不明確であり、これを明確にするためには、憲法から導き出された理念を明らかにする必要があり、さらに、その上で日本が将来、国際社会やアジアのなかで、いかなる国家として生存していくべきかについて具合的な方向付けを行なわなければなりません」（森本敏『米軍再編と在日米軍』文芸春秋社　２００６）

本章がまさに、この森本氏への答になります。

本章末の一言

飽食の日本に身を置いている私たちは「空腹」をすでに忘れていますが、地球上のあらゆる動物がそうであるように、人間も本来「食べること」が全ての行為に優先します。その人間の根源的欲求に手を添えること、すなわち食糧援助こそ和解を可能にする最大の「武器」なのです。

資料・ピョンヤン宣言

小泉純一郎日本国総理大臣と金正日朝鮮民主主義人民共和国国防委員長は、２００２年9月17日、平壌で出会い会談を行った。

両首脳は、日朝間の不幸な過去を清算し、懸案事項を解決し、実りある政治、経済、文化的関係を樹立することが、双方の基本利益に合致するとともに、地域の平和と安定に大きく寄与するものとなるとの共通の認識を確認した。

1．双方は、この宣言に示された精神及び基本原則に従い、国交正常化を早期に実現させるため、あらゆる努力を傾注することとし、そのために2002年10月中に日朝国交正常化交渉を再開することとした。

双方は、相互の信頼関係に基づき、国交正常化の実現に至る過程においても、日朝間に存在する諸問題に誠意をもって取り組む強い決意を表明した。

2．日本側は、過去の植民地支配によって、朝鮮の人々に多大の損害と苦痛を与えたという歴史の事実を謙虚に受け止め、痛切な反省と心からのお詫びの気持ちを表明した。

双方は、日本側が朝鮮民主主義人民共和国側に対して、国交正常化の後、双方が適切と考える期間にわたり、無償資金協力、低金利の長期借款供与及び国際機関を通じた人道主義的支援等の経済協力を実施し、また、民間経済活動を支援する見地から国際協力銀行等による融資、信用供与等が実施されることが、この宣言の精神に合致するとの基本認識の下、国交正常化交渉において、経済協力の具体的な規模と内容を誠実に協議することとした。

双方は、国交正常化を実現するにあたっては、1945年8月15日以前に生じた事由に基づく両国及びその国民のすべての財産及び請求権を相互に放棄するとの基本原則に従い、国交正常化交渉においてこれを具体的に協議することとした。

双方は、在日朝鮮人の地位に関する問題及び文化財の問題については、国交正常化交渉において誠実に協議することとした。

3．双方は、国際法を遵守し、互いの安全を脅かす行動をとらないことを確認した。また、日本国民の生命と安全にかかわる懸案問題については、朝鮮民主主義人民共和国側は、日朝が不正常な関係にある中で生じたこのような遺憾な問題が今後再び生じることがないよう適切な措置をとることを確認した。

4．双方は、北東アジア地域の平和と安定を維持、強化するため、互いに協力していくことを確認した。

双方は、この地域の関係各国の間に、相互の信頼に基づく協力関係が構築されることの重要性を確認するとともに、この地域の関係国間の関係が正常化されるにつれ、地域の信頼醸成を図るための枠組みを整備していくことが重要であるとの認識を一にした。

双方は、朝鮮半島の核問題の包括的な解決のため、関連するすべての国際的合意を遵守することを確認した。また、双方は、核問題及びミサイル問題を含む安全保障上の諸問題に関し、関係諸国間の対話を促進し、問題解決を図ることの必要性を確認した。

朝鮮民主主義人民共和国側は、この宣言の精神に従い、ミサイル発射のモラトリアムを２００３年以降も更に延長していく意向を表明した。

双方は、安全保障にかかわる問題について協議を行っていくこととした。

日本国総理大臣　小泉　純一郎

朝鮮民主主義人民共和国国防委員会委員長　金　正日

2002年9月17日

第9章　在日米軍基地と自衛隊駐屯地の完全撤廃

夏目漱石（作家　1867～1916）

国家は大切かも知れないが、さう朝から晩迄国家々々と云って恰も国家に取り付かれたやうな真似は到底我々に出来る話でない。常住坐臥国家の事以外を考へてならないといふ人はあるかも知れないが、さう間断なく一つ事を考へてゐる人は事実あり得ない。豆腐屋が豆腐を売って歩くのは、決して国家の為に売って歩くのではない。根本的の主意は自分の衣食の料を得る為である。（『私の個人主義』より）

これまでの記述を通して、〝丸腰〟であることが日本にとっていちばん安全であるという結論を導き出してきました。とは言え、私たちの国がなお安全であるためには、紛争の絶えない世界の国々に向かって、平和的手段による解決策を不断に呼びかけていかなければなりません。

安保条約は破棄できる

国際連合憲章もパリ不戦条約も、精神としてはこの「平和的手段による」ことを掲げていたと思います。その意味からも、人の命を殺《あや》めるような、そして人の住む環境を無慈悲なまでに破壊するような軍用兵器を持つことを、私たちはきっぱりと捨てます。したがって、軍事施設も要らないことになります。「日米安全保障条約」の第1条をここで改めて確認します。

第1条　締約国は、国際連合憲章に定めるところに従い、それぞれが関係することのある国際紛争を平和的手段によって国際の平和及び安全並びに正義を危うくしないように解決し、並びにそれぞれの国際関係において、武力による威嚇又は武力の行使を、いかなる国の領土保全又は政治的独立に対するものも、また、国際連合の目的と両立しない他のいかなる方法によるものも慎むことを約束する。

締約国は、他の平和愛好国と協同して、国際の平和及び安全を維持する国際連合の任務が一層効果的に遂行されるように国際連合を強化することに努力する。

「それぞれが関係することのある国際紛争を」とありますから、この場合の「それぞれが関係する」は「両国に共通する」と解釈されるのでしょうが、ここに書かれている文言からすると、この半世紀以上にわたるアメリカの単独軍事行動はそれとは全く異なっていることが分かります。また、「国際連合の目的と両立しない他のいかなる方法によるものも慎む……」こともアメリカはしてきませんでした。

次に、日米安全保障条約第10条。

第10条　この条約が10年間効力を存続した後は、いずれの締結国も、他方の締結国に対してこの条約を終了させる意思を通告することができ、その場合には、この条約は、そのような通告が行なわれた後1年で終了する。

歴史的に見て、第1条の主旨に反した行為を続けてきたアメリカと手を切ることは当然であり、しかも私たちはすでに独自の平和的な戦略を獲得しているので、この第10条を実行に移せばいいわけです。

「アメリカさん、どうもご苦労様でした。これからは〝丸腰〟で世界平和に貢献したいので、どうかお引き取りください」と通告することでしょう。

つまり、武器を全て放棄するのですから、当然ながら米軍基地も自衛隊の駐屯地も民間などに返還されることになります。

いわけです。

それはどういうプロセスで可能かと言えば、衆議院と参議院で安保条約破棄を決議すればい

今の自民党政権はアメリカべったりですから、彼らの主導でそれが可能だとは到底思えません。やはり壮大な国民運動が必要なのかも知れません。

若者とお年寄りが一緒に「米軍基地をなくす全国行脚」などが考えられないこともありません。全国に「九条の会」が７５００ほどあると言いますから、互いに連携し合って行脚隊を各町村で受け容れ、公民館などで地元住民と交流するなど考えられます。映像やパネルや印刷物を持って。

宿泊と食事とガソリン代を行く先々の有志が全国行脚隊にカンパするのです。行脚隊が全国各地に生まれれば、それが立派な国民運動になることでしょう。

米軍基地撤廃を

問題は、日本国内の世論が仮に米軍基地の撤廃に傾いたとして、はたしてアメリカがすんなりそれに同調するかどうかです。政府要人の誰かが新しく沸き起こった世論の動きに同調すると見れば、おそらくアメリカは黙っていないはずです。

ですから、文字どおりの国民の広汎な平和運動のなかで米軍基地撤廃を時の政府にやらせる

ことが必要でしょう。

そのうえでなお不安がなくはありません。例えば、国防費の5兆円何がしを援助米などに回すとしても、その国費は元はと言えば日本の工業製品、例えば、自動車などをアメリカに輸出して得たものです。アメリカとの関係が悪くなって自動車が売れなくなれば、そもそも国の財源に余裕がなくなるのではないか、と。

当然、日本の国会議員によるアメリカ議会でのロビー活動が求められるでしょうし、前に問題にした尖閣諸島の三国共同開発で良好な関係になった中国への自動車など日本製品の進出に大きなウエイトがかかることになるのでしょう。

たしかに基地撤去にかかわる未知数の部分は大いにあるとしても、それとは別に在日米軍基地の存在そのものに多額の費用がかかっていたわけで、それがなくなっただけでも相当の国費が浮くはずです。

本章の一言

平和は、まずもって同じ国民同士がいがみ合うことがない社会に存在する。沖縄を見よ、悲しいことに同じ国民の心を切り裂いているではないか！

軍事基地の跡地利用は、読者つまり国民のみなさんの想像力で！

第10章　自衛隊が生まれ変わった！

アルベルト・シュヴァイツァー（医師　1875〜1965）

われわれが互いに人間であるという自覚は、戦争と政治の中で失われてしまった。われわれは同盟国の一員として、あるいは反対に敵側の一員として、相手を考えるうちに、そこから生まれる見解、判断、好み、憎しみにとらわれるようになった。今やわれわれは互いに人間であり、人間の本質にある道徳性を互いに認めるように努力しなければならない。これは道徳の再発見である。（『平和か戦争か』より）

第7、8、9章を通して、一般の人からはおそらく大胆と思われる憲法第9条の文面そのままの〝丸腰〟の日本国を導き出しました。そこで問題となるのは、これまで日本の防衛を文字どおり地道に担ってきた自衛隊の方々の処遇を、どのように考えたらいいかということです。

人こそ国家の存立基盤

一般に、国家の存立基盤の一つが軍事であったことは認めますが、識者の方々はその賛否はともかく、憲法第9条にご自分はどのように向き合ってきたのか。知性をお持ちの人が「軍事」などと簡単に口走ってもらう傾向にあるのは、はなはだ困るのです。

それでは国家存立基盤の一つとして、エネルギー、食糧、その次に軍事を抜くとして何が入るでしょうか。

それは人、つまり人間そのものです。外交に優れた政治家であり、人々に感動を与える芸術家であり、世の暮らしに役立つ科学者であり、他国の人と友好の絆を作る海外旅行者、スポーツマン、相手国と友好的に取引ができる商社マン、それに外国の人を受け容れるホームスティの温かい家庭であり……。

人こそが国家の存立基盤を形成し、かつ支えるのです。ですから、学校教育も「平和学」をこそきちんと教えなければなりません。

では、これまでの歴史のなかで日本と世界を結ぶスケールの大きい国際人では、どんな人がいたかということです。

日本美術を世界に紹介した岡倉天心、国際連盟で活躍した新渡戸稲造、キリスト教社会運動家でノーベル賞候補にも挙がったと言われる賀川豊彦、リトアニアの領事館で多数のユダヤ難民に日本通過ビザを発給した杉原千畝、イランなどイスラム圏では日本人としていちばん尊敬されているコーランの訳者・井筒俊彦……。

科学者ではロックフェラー医学研究所の野口英世、世界平和アピール七人委員会の創設に加わった湯川秀樹。

近年の人では、国連高等弁務官の緒方貞子さん、中国残留孤児が主人公の『大地の子』をお書きになった作家の山崎豊子さん。アフガニスタンの灌漑に単独で取り組んだ中村哲さん。政治家では宇都宮徳馬先生を挙げさせていただきます。残念ながら皆さん鬼籍に入られました。

読者の方々からはこの人選にご不満があったり、おそらく別の人名がいくらも挙がることと思いますが、これは筆者の拙い知識ゆえとお許しください。

人と言えばもう一つ重要な仕事があります。

北朝鮮をはじめ、あらゆる紛争国の青年を多数留学生として無償で受け容れるのです。いずれその人たちが母国に帰れば、必ずや日本の良さを伝える防波堤の役割を果たしてくれるでしょうから。

この「軍隊ではなく、人こそが……」を、名もなき市井の一個人の行為に見る事例を私の地元の茨城県石岡市からご紹介します。

その人の名は秋元了典さん（78歳）。元浅草寺のお坊さんで日本画家。NHKラジオの深夜便「心の時代」でお聞きになった人もおられるかと思います。排日暴動で荒れ狂った時期を挟んだ10年間、中国西域の敦煌にある世界遺産の莫高窟から40㎞ほど離れた砂漠のなかで、新たに掘られた石窟に美術を志す多数の中国の青年たちと仏画を描き続けています。ご本人は、1000年先を見た事業のほんの一端を担っているに過ぎないとおっしゃっていますが。

この秋元さんのように異国で現地の人と活動を共にしている日本人は、おそらく全国を探せば少なからずおられるはずです。そういう人たちこそが日本という国の信用に寄与し、国を守る力となっている、と私は考えたいのです。

自衛隊の役立て方

さて、本章のテーマが自衛隊です。しかも、戦闘装備から解かれた人間集団としての自衛隊を、どう日本の力として役立てるかということです。

その人間集団は、陸海空と事務方を合わせた約25万人です。隊員の皆さんは統制のとれた組織にいたわけですし、それぞれ特別な技能を備えているのでしょうから、民間からの引く手はあると思います。ただ、元はと言えば国家国民のために働きたいと志願した人たちです。国として責任を持って、彼ら隊員の志に適した新たな仕事を提供すべきです。国の方針が変わったから、「民間にどうぞ」と言えば済むことではありません。

参考までに、隊員の取得している技能にはどんなものがあるか、挙げてみます。パイロット技術、大型車両運転技術、通信技術、操船技術、サバイバル技能、それに測量、医療、語学、機械整備、射撃、気象観測、火薬類取り扱い、ボイラー技師など。

隊員の皆さんはこうした技能のどれかに通じているわけですから、貴重な人材と言わなければなりません。

防衛省の事務系職員は別の省庁に異動することになるでしょうし、新自衛隊（？）内の事務系統および軍隊式の階級人事も簡素なものとなるでしょうが、正直なところ陸・海・空の隊員の皆さんには、これからも国と国民のために大いに働いてもらいたいものです。そんな新しい機関が求められます。

世論調査では、自衛隊が存在する目的として「災害派遣」と答えた人が75％以上あった、と。何しろ自衛隊の災害派遣がすでに3万2000回以上あると言いますから、その実績は世間に高く評価されているわけです。

こうした実績を持つ自衛隊を、ではこれからどう活用したらいいかということです。具体的な提案をさせていただきます。統括する新たな組織の名称は保留するとして、組織を4つに分けます。1．災害救助隊、2．農村支援隊、3．森林保全隊、4．海外協力隊、です。

1. 災害救助隊

人命救助のほかに災害で傷ついた国土保全一般の補修をも担います。人命救助では消防団の能力を超えたところの仕事にあたります。また、国土保全では民間土木建設会社への発注では間に合わないような場面で活躍してもらうことになるでしょう。

2. 農村支援隊

国防戦略物資の米を作る仕事を農家と一緒にする。必ずしも米だけではなく、放置されたままの棚田など耕作放棄地を豊かな耕地に蘇らせ、日本の食糧自給率を30%から70%に引き上げるために恒常的に労力支援をします。

3. 森林保全隊

これについては少し詳しく説明します。

日本は国土の66%が森林で、その山が今はひどく荒れています。林業労働者の不足（1960年と比べると5分の1で、しかも50歳以上が70%を占めている）と林業労働の採算性に問題があるからです。山が荒れるとどういうことになるか。野生動物の棲むエリアと人の住むエリアの境界線が曖昧になることで、山を背後に持つ田畑ではイノシシ、シカ、サル、ハクビシンなどによる被害が恒常的にあり、生産農家を苦しめています。

つまり、森林保全隊に山の下草刈りをしてもらうのです。たしか、加藤剛主演の映画でしたか、「草刈十字軍」という言葉があったように記憶していますが。

森林は日本の自然環境にとって大切なものです。ダムや砂防施設など治山治水事業に年間1兆円以上の資金が投入されているようですが、こうした公共事業より山林を守る担い手を確保するために資金を使った方が、国土保全にはより有効だという識者の意見もあります。

戦後、建築用材の確保から日本中の山々にスギやヒノキなどの針葉樹を植林しましたが、コストの関係で手軽に手に入る輸入材が使われるようになり、せっかく植林したスギやヒノキは今では山に放置された状態にあります。林業労働者そのものの不足で間伐に手が回らないことにもよります。

ナラやクヌギなどの落葉樹だと根がしっかりしていますが、針葉樹は根が浅いので豪雨などに遭うと地崩れを起こしやすい。集中豪雨で山崩れのあった場所は、おおむね針葉樹林です。差し引きすれば、国産材を使った方がむしろ安くすむかも知れませんし、伐採後の山の木をナラやクヌギに替えれば里山も生き返ることになります。

4．海外協力隊

現在ある青年海外協力隊は国際協力事業団による個人での参加であり、またいわゆるＰＫＯ

は国連による平和維持活動ですが、日本国として独自に開発途上国に協力の手を差し伸べるチームとして、(元)自衛隊員の潜在力が期待されます。海外で働く日本人がテロの標的にならないためにも。

なお、自衛隊に新しい平和的な仕事をしてもらいたい意図は、実は皮肉にも戦時中の「戦時農業要員制と学徒援農部隊の動員」が頭にあったからです。

戦争が激しくなり、空襲も頻繁、農家の働き手が兵隊に取られるとなると、食糧の自給態勢が危うくなります。政府はそこでまず農家に離農を禁じます。行政命令で土地に縛りつけるわけです。そのうえで学徒勤労報国隊による援農部隊が農村に入るのです。栄養失調でひょろひょろした学生は、農家の人から見ればあまり役に立たなかったみたいですが、学生の方は毎日米のご飯が食べられるのでうれしかったことでしょう。

兵器購入費を隊員経費に

問題は、広大な耕作放棄地、国防戦略米数百万ｔの生産、国土の70％を占める森林の縁の部分の総面積を考えると、自衛隊員25万人では全くお手上げだということです。

米生産最高１４００万ｔを記録した１９６５年の農家の働き手は、一家の働き手を３人とすると約１８００万人でした。その時の国の人口は９８００万人。現在は約５００万人に満たない農民が１億２０００万人向けと称して米８６０万ｔを生産しています。機械化による生産性の向上もあってそのまま比較することはもちろんできませんが、米生産の最高数値に近づけるためには、差し引き４００万ｔの生産に何人の人手を必要とするかということになります。

田畑も森林も災害復旧もとなると、現在の自衛隊員25万人では全く足りません。少なくとも１桁もしくは２桁多い数値が求められることになるでしょう。

翻って、国の防衛予算に目を移してみます。年間５兆６８８億円（２０２０年度）です。そのうちの人件・糧食費（注・防衛省にはこういう用語があります）が２兆１４２６億円です。

これを25万で割ると１人当たり約９００万円というところでしょうか。残りの約３兆円が兵器その他ハードの部分に使われるということでしょう。この３兆の内の２兆円を人件・糧食費に充てると、50万人を確保できることになります。残りの１兆円を管理運営費なり資材費にプラスするという……。

少し古いですが、こういうデータもあります。自衛官１人当たりの維持費が平均１１２万９０００円。ジェットパイロット１人当たりの養成費が６億２７８９万７０００円だと（『防衛ハンドブック』朝雲新聞社　２０１３）。

私たちが期待する支援隊員の経費とは、あまりにもかけ離れています。

私の構想では今の倍の50万人でも全く足りませんが、丸腰になった文字どおりの平和国家が新たな国家改造計画にどれだけ実績を残せるか。

その結果を見て、国民（議員）が国の予算の新たな配分を考えることになるのでしょう。国を挙げての「草刈十字軍」に期待したいところです。

自衛隊の将来イメージ

以上のことから、私たちは将来にどのようなイメージを描くことになるでしょうか。

自衛隊の新しい総括名を仮に「支援隊」とするとして、その支援隊員は各自治体が受け容れる形にします。そして隊員は、戦時中の学徒援農部隊と同じく、それぞれ農家に分宿するのです。つまり、農家が〝にわか民宿〟になる格好です。隊員は農家の人や森林組合の人たちと交流しながらそれぞれの持ち場に就くのですが、彼らは農村に今も残る日本人本来の温かな人情に触れ、日本の自然の豊かさに改めて目覚めることになるでしょう。隊員の中にはそんな経験から農村に移り住む人が出てくるかも知れませんし、農家のお婿さんに収まるなんていうこともないとは言えません。つまり、そこには農村再生の可能性が秘められているということです。

ところで、敗戦を経験した政治家や学者先生が著した当時の本に接すると、おしなべて「平和国家建設」の文字が目に入ります。

たしかに戦後75年というもの間、戦争はしたことはありませんでしたから、当然、他国の人に銃を向けたこともなかったわけです。しかし一方で、本来あるはずのない米軍基地をめぐる日本国民同士の不幸な対立は、沖縄の辺野古基地建設に見られるように今もなお存在していますす。米兵による基地周辺住民の被害は頻発していましたし、自衛隊員もヘリコプターの事故などで多くの尊い命を亡くしています。

軍事基地のない国土を取り戻し、農地や山林に支援の手を差し伸べる国家的組織ができ、食糧など支援物資が世界の貧困地域に届けられることによる諸外国からの尊敬の眼差しを受ける……。ここに来て、やっと日本が本当の意味の平和国家になるのではないでしょうか。

本章末の一言

もう何も言うことはありません！

これまで頑張ってこられた自衛隊の皆さんに「有難うございました。どうかこれからもよろしく」と申し上げたい気持ちです。

資料・自衛隊入隊宣誓文

私は、わが国の平和と独立を守る自衛隊の使命を自覚し、日本国憲法および法令を遵守し、一致団結、厳正な規律を保持し、常に徳操を養い、人格を尊重し、心身を鍛え、技能を磨き、政治的活動に関与せず、強い責任感をもって専心職務の遂行に当たり、事に臨んでは危険を顧みず、身をもって責務の完遂に努め、もって国民の負託にこたえることを誓います。

あとがき

国防について考えるようになったのは、２０１３年の秋以降のことで、集団的自衛権や憲法９条の新たな解釈論が国会で問題になったことが起因しています。お恥ずかしいことに、それまで「国防」なる硬いテーマを真剣に考えたことはありませんでした。

とは言え、その後の日常は２反歩ほどの畑を自給用に耕したり、趣味である囲碁を通して中南米諸国と交流したりと、極めて平和裡なものでした。ただその間、中南米諸国の中のコスタリカが世界で唯一「軍隊のない国」であると言われていると知ることで、〝丸腰〟である日本の可能性を探るようになり、「国防を考える市民懇話会」を立ち上げ、遂にはその結論を本の形で世に問うことを自分に課したのでした。本書はその時の検討資料をベースに新たに書き下ろしたものです。

国防関連資料の収集については、主に国立国会図書館および茨城県立図書館を利用しました。ただ特筆すべきは、普通であれば全く考えも及ばなかった防衛大学校総合情報図書館を使用させてもらえたことです。ついでに記せば、この図書館の食堂で明らかに階級の違う自衛官二人が何の隔たりもなく談笑している姿を見て、遥か時代の隔たりを感じ入ったものです。

本書を手にした政治家やその道の専門家の中には「素人の甘い考えだ」と一笑に付す人がいることは想像に難くありません。しかし、専門家と称する人たちが実はその専門性ゆえに〝自分の領分〟から抜け出せずにいることは、本書の第1章を読めばお分かりいただけたと思います。

したがって、もし本書に何らかの「甘い考え」があるとしたら、それは戦争政策そのものから人命と生活が直接影響を被るであろう市民の皆さんによって補完していただくことを希望します。否、本書はむしろそのために世に問うたものとお考えください。


以下に、本書執筆上のお断りを。

かつて編集者だった時私は、当時参議院議員だった宇都宮徳馬先生の著作を本にしたことがあり、そのご縁で先生から宇都宮軍縮資料室発行の月刊誌『軍縮問題資料』を毎回送っていただきました。軍縮に対する先生の遺志とその時の恩義に報いるべく、本書では同誌に載った多くの貴重な言葉を借用させていただきました。

なお、右の『軍縮問題資料』をはじめ、執筆のうえで参考にした文献は180余冊に上ります。しかし、その全てをここに挙げることはせず、主要なもののみ一覧表にまとめました。

第1章の執筆にあたっては畏友・松本義之氏から多大の協力をいただきました。

最後に、本書出版にあたって、あけび書房の岡林信一氏から拙稿に対し適切なアドバイスを賜わったこと、ここに心から謝意を表します。

2021年1月

著者著す

主要参考文献

書籍

『東京大空襲・戦災誌』（全5巻） 東京大空襲を記録する会編　講談社　1975
『安全保障条約論』 西村熊雄　時事通信社　1960
『マッカーサー回想録』 ダグラス・マッカーサー　津島一夫訳　朝日新聞社　1964
『日本の軍事基地』 基地対策全国連絡会議編　新日本出版社　1983
『戦後日本防衛問題資料集』（全3巻） 大嶽秀夫編　三一書房　1991〜1993
『日露戦争　上・下』 旧陸軍参謀本部編　徳間新社　1994
『沖縄現代史』 新崎盛輝　岩波書店　1996
『冷戦後のアジアの安全保障』 日本学術協力財団編　大蔵省印刷局　1997
『日本の安全保障と基地問題』 日本弁護士連合会編　明石書店　1998
『安全保障とは何か―脱・幻想の危機管理論』 江畑謙介　平凡社　1999
『在日米軍基地の収支決算』 前田哲男　筑摩書房　2000
『北朝鮮・中国はどれだけ恐いか』 田岡俊次　朝日新聞社　2007
『対テロリズム戦争』 読売新聞調査研究本部　中央公論社　2001
『これからの戦争・兵器・軍隊―RMAと非対称型の戦い』（上・下） 江畑謙介　並木書房　2002

『戦争中毒―アメリカが軍国主義を脱け出せない本当の理由』ジョエル・アンドレアス　きくちゆみ監訳　合同出版　２００２
『自衛隊はどのようにして生まれたか』永野節雄　学研プラス　２００３
『戦争の本質と軍事力の諸相』石津朋之　彩流社　２００４
『尖閣列島・釣魚島問題をどう見るか―試される二十一世紀に生きるわれわれの英知』村田忠禧　日本僑報社　２００４
『拉致―国家犯罪の構図』金賛汀　ちくま書房　２００５
『自衛隊50年―知られざる変容』朝日新聞「自衛隊50年」取材班　朝日新聞出版　２００５
『国防』石破茂　新潮社　２０１１
『日本の「戦争力」』小川和久　アスコム　２００５
『戦後日米関係と安全保障』我部政明　吉川弘文館　２００７
『岐路に立つ日本の安全―安全保障・危機管理政策の実際と展望』森本敏　北星社　２００８
『地政学―アメリカの世界戦略』奥山真司　五月書房　２００４
『ミサイル防衛―日本は脅威にどう立ち向かうのか』能勢伸之　新潮社　２００７
『自衛隊―変貌のゆくえ』前田哲男　岩波書店　２００７
『日米同盟の正体―迷走する安全保障』孫崎亨　講談社　２００９
『昭和天皇・マッカーサー会見』豊下楢彦　岩波書店　２００８

『日本辺境論』内田樹　新潮社　２００９
『丸腰国家―軍隊を放棄したコスタリカの平和戦略』足立力也　扶桑社　２００９
『軍事・防衛は大問題―東アジアの冷戦は終わっていない』長谷川慶太郎　東洋経済新報社　２０１０
『日本の国防―米軍化する自衛隊・迷走する政治』久江雅彦　講談社　２０１２
『ベーシックインカムの可能性―今こそ被災生存権所得を』村岡到編　ロゴス　２０１１
『検証・尖閣問題』孫崎享編　岩波書店　２０１２
『専守防衛克服の戦略―日本の安全保障をどう捉えるか』樋渡由美　ミネルヴァ書房　２０１２
『防衛年鑑　２０１３年度版』防衛年鑑刊行会編　防衛メディアセンター　２０１３
『国防軍とはなにか』森本敏・石破茂・西修　幻冬舎　２０１３
『日本はなぜ、「基地」と「原発」を止められないのか』矢部宏治　集英社　２０１４
『新・戦争論―僕らのインテリジェンスの磨き方』佐藤優・池上彰　文藝春秋社　２０１４
『台頭する中国とアジア・太平洋地域の安全保障―第39回防衛セミナー講演集』隊友会編　隊友会　２０１３
『平成26年度　食糧・農業・農村白書』農林水産省　２０１５

雑誌

『軍縮問題資料』宇都宮軍縮資料室

『防衛学研究』日本防衛学会
『軍事研究』軍事情報研究会

合田　寅彦（ごうだ　とらひこ）
1938年生まれ。東京都出身。北海道大学農学部卒。北海道立阿寒高等学校教諭の後、講談社出版研究所で百科事典の編纂および『現代囲碁大系　全48巻』など囲碁書籍の企画編集に携わる。1983年帰農。後年、企画・編集「ゆう出版」を立ち上げる。日本有機農業研究会会員。「NPO囲碁国際交流の会」理事。
著書：『阿寒町史』（共同執筆）、『筑波山麓ムラ暮らし』（宝島社刊）、『烏鷺々々雑記帳』（ゆう出版）、『“丸腰”国防論』（ゆう出版）。
現住所　〒315-0151　茨城県石岡市須釜838
メールアドレス　gohdatora@yahoo.co.jp

非戦の国防論―憲法9条を活かした安全保障戦略

2021年2月20日　第1刷発行 ©
2021年4月10日　第2刷発行

著　者―合田　寅彦
発行者―岡林　信一
発行所―あけび書房株式会社
102-0073　東京都千代田区九段北1-9-5
☎ 03. 3234. 2571 Fax 03. 3234. 2609
info@akebishobo.com　http://www.akebi.co.jp

印刷・製本／モリモト印刷

ISBN978-4-87154-187-9 C3036

あけび書房の本

強制疎開死3600人の真相に迫る
沖縄「戦争マラリア」
大矢英代著　日本で唯一の地上戦が起きた沖縄。だが、戦闘がなかった八重山諸島で多くの住民が死んだ。何故？　そこには日本陸軍のおぞましい本質が…。10年もの徹底取材による渾身のルポ。山本美香記念国際ジャーナリスト賞受賞の話題作。
1600円

「敵基地先制攻撃」論の真の狙いは何か
安保法制下で進む！　先制攻撃できる自衛隊
半田滋著　「敵基地先制攻撃」は本当に必要なのか？　すでにどこまで進んでいるのか？　そして、米国からの武器の爆買い、激増する防衛費、軍事機密の増大などなど。急速に変貌しつつある自衛隊の知られざる姿を著名な軍事専門記者が徹底取材。
1500円

今、私たちは何をしたらいいのか？
重大な岐路に立つ日本
世界平和アピール七人委員会編　池内了、池辺晋一郎、大石芳野、小沼通二、高原孝生、高村薫、土山秀夫、武者小路公秀著　今、日本はどこへ行こうとしているのか？　深刻で危険な事態に直面する日本の今を見据え、各分野の著名人が直言する。

1400円

「戦争のできる国」ではなく「世界平和の要の国」へ
金平茂紀、鳩山友紀夫、孫崎享著　今こそ従米国家ニッポンからの脱却を！　安保法制即時廃止！　沖縄を東アジア平和のための拠点に、などを熱く語る。

1500円

あけび書房の本

過去の歴史を直視し、日本国憲法を根っこに据えて
これからの天皇制と道徳教育を考える
岩本努、丸山重威著　教育勅語容認、道徳教育復活、異常なまでの天皇礼賛の今、国民主権、真の天皇制の在り方のために諸問題を整理する。分かりやすさ抜群。**堀尾輝久**（元日本教育学会会長）、**石山久男**（元歴史教育者協議会委員長）**推薦**　**1500円**

「政府のNHK」ではなく、「国民のためのNHK」へ
NHKが危ない！
池田恵理子、戸崎賢二、永田浩三著　「大本営放送局」になりつつあるNHK。何が問題で、どうしたらいいのか。番組制作の最前線にいた元NHKディレクター、「従軍慰安婦番組」改ざん事件当事者らが問題を整理し、緊急提言する画期的一冊。**1600円**

後世に残すべき貴重な史実、資料の集大成
ふたたび被爆者をつくるな
日本原水爆被害者団体協議会編　日本被団協が総力を挙げての歴史的集大成。原爆投下の真相、被爆の実相、被爆者の闘いの記録。詳細な年表、膨大な資料編など資料価値大。

B5判・上製本・2分冊・箱入り　本巻7000円・別巻5000円（分買可）

CDブックス
日本国憲法前文と九条の歌
うた・きたがわてつ　寄稿・早乙女勝元、森村誠一、ジェームス三木ほか　日本国憲法前文と9条そのものを歌にしたCDと、早乙女勝元ほかの寄稿、総ルビ付の憲法全条文、憲法解説などの本のセット。憲法教材に最適。家庭に一冊。大反響！　**1400円**